Forschen mit Archimedes

Dennis Guerrier

Forschen mit Archimedes

Warum Gegenstände schwimmen
Eine nicht nur programmierte Einführung in das Archimedische Prinzip und den Begriff der Dichte

Kosmos
Gesellschaft der Naturfreunde
Franckh'sche Verlagshandlung
Stuttgart

Umschlaggestaltung und Umschlagfoto von Uwe Höch
Mit 11 Abbildungen im Text, davon 6 gezeichnet von Hans-Hermann Kropf
Ins Deutsche übertragen von Isa und Werner Weidert
Titel der englischen Originalausgabe:
Archimedes; erschienen bei Blond Educational Ltd., London

Franckh'sche Verlagshandlung, W. Keller & Co., Stuttgart / 1974

Printed in Germany / Imprimé en Allemagne
LH 10 be / ISBN 3-440-04084-4
Druck: Johannes Illig, Buch- und Offsetdruck, Göppingen

Archimedes

„Um aber Freude an der Kunst der Entdeckung (wie an allen anderen Künsten auch) zu finden, muß der Konsument, in diesem Fall der Student, den schöpferischen Prozeß wenigstens in bestimmten Grenzen nachvollziehen können. Mit anderen Worten: man muß ihn dahin bringen – mit entsprechender Anleitung und Hilfe –, bestimmte Entdeckungen selbst noch einmal zu machen, bestimmte Erleuchtungen, die den Weg der Wissenschaft erhellt haben, selbst noch einmal nachzuerleben. Das heißt, daß die Geschichte der Wissenschaft einen adäquaten Platz im Lehrplan haben und die Wissenschaft im Lichte ihrer historischen Entwicklung dargeboten werden sollte und nicht als eine in voller Rüstung geborene Athene. Das bedeutet weiterhin, daß die Paradoxa, die „blockierten Situationen", vor denen sich Archimedes, Kopernikus, Galilei, Newton, Harvey, Darwin oder Einstein sahen, in ihrem historischen Bezugsrahmen dargestellt und dem aufnahmebereiten jungen Menschen als Rätsel „aufgegeben" werden sollten; denn das Lösen von Problemen ist die produktivste Form des Lernens. Die traditionellen Methoden dagegen stellen den Studenten gar nicht erst vor das *Problem,* sondern sofort vor die *fertige Lösung,* versagen ihm also jeden Nervenkitzel, ersticken jegliche schöpferische Regung und reduzieren das Abenteuer der Menschheit zu einem staubigen Haufen von Theoremen."
Arthur Koestler in „The Act of Creation"; zitiert nach der im Scherz-Verlag unter dem Titel „Der göttliche Funke" erschienenen deutschen Übersetzung des Werkes.

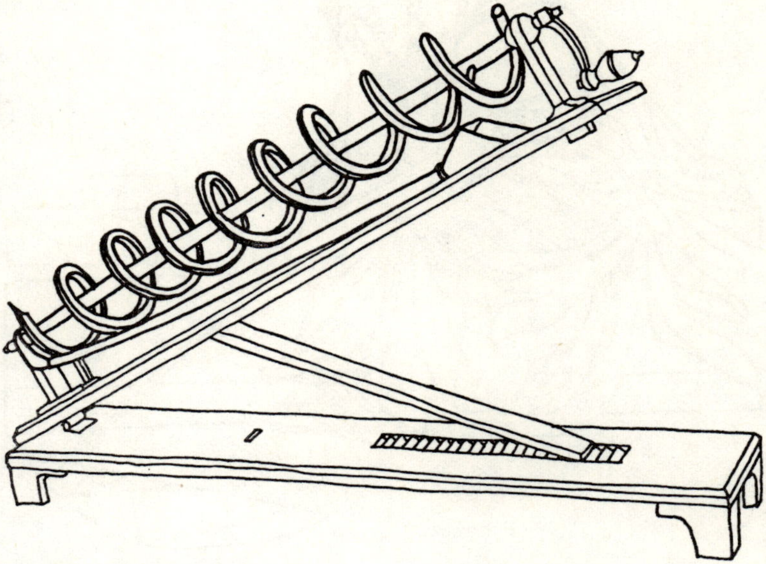

Die archimedische Schraube

Archimedes bei der Arbeit

Erstes Kapitel

König Hieros Krone

1

Archimedes lebte und starb auf Sizilien. Zu Hause war er in Syrakus, einem der frühen griechischen Stadtstaaten. Damit war er griechischer Bürger. Die großartige griechische Zivilisation hatte ihren Höhepunkt schon überschritten. Ein Beweis für diese Behauptung mag sein, daß Archimedes einen Katapult entwarf, der bei der Verteidigung von Syrakus gegen die die Stadt belagernden Römer gebraucht wurde. Als die Stadt schließlich doch fiel, fand Archimedes durch einen römischen Soldaten den Tod. Man sagt, daß er gerade in dem Augenblick getötet wurde, als er über einem geometrischen Problem grübelte, das er vor sich in den Sand geschrieben hatte.
Doch wollen wir uns jetzt nicht mit der Tragödie seines Todes befassen, sondern mit der wohl größten unter seinen vielen Entdeckungen.
Abgesehen von den vielen Legenden, die sich um Archimedes ranken, wissen wir, daß er ein großer Mathematiker war und einer der ersten, der mit wissenschaftlichen Methoden Probleme des alltäglichen Lebens untersuchte. Und so soll auch eines dieser alltäglichen Probleme der Anlaß zu der großen Entdeckung gewesen sein, mit der wir uns nun beschäftigen.
Das Problem, das Archimedes vorgelegt wurde, unterscheidet sich natürlich von den Fragen, die Sie heute möglicherweise zu lösen haben. Aber versetzen Sie sich jetzt in Archimedes' Lage, in das Syrakus seiner Zeit. König von Sizilien war Hiero II. Er residierte in Syrakus, der Hauptstadt seines Reiches. Er hat nach Archimedes schicken lassen, weil es da ein Problem gibt, das dieser lösen soll. Der König vermutet, daß seine neue Krone nicht aus gediegenem Gold besteht. Er hatte zwar dem Goldschmied einen Barren reines Gold für die Krone gegeben, verdächtigt ihn aber nun, einen Teil des Goldes gestohlen und durch Silber ersetzt zu haben, um den Diebstahl zu vertuschen.
Die Lösung scheint zunächst recht einfach. Der König weiß genau, wie schwer der Goldbarren war, den er dem Goldschmied gab. Archimedes wiegt also nun die Krone und stellt fest, daß sie genauso schwer ist wie der ursprüngliche Goldbarren. Doch beweist das, daß die Krone aus reinem Gold ist?
Ich denke, Sie werden mit mir darin übereinstimmen, daß die Tatsache des gleichen Gewichts nichts beweist. Man brauchte ja nur genügend Silber zum Ausgleich hinzuzufügen. Archimedes weiß, daß Silber leichter

ist als Gold. Daraus folgt: Falls der Goldschmied Silber dazugab, um den Gewichtsverlust auszugleichen, muß das Volumen (der Rauminhalt) der Krone ein anderes sein, als wenn sie aus reinem Gold wäre. Doch muß das Volumen nun größer oder kleiner sein?
Das ist die erste Frage, die ich Ihnen stellen möchte. Es ist eine leichte Frage, damit Sie an einem einfachen Beispiel sehen, wie dieses Buch zu „handhaben“ ist.
Wenn Sie glauben, die Krone würde durch die Zugabe von Silber zum Ausgleich des Gewichtsverlustes größer, so lesen Sie bitte weiter bei Abschnitt **3**.
Wenn Sie aber meinen, die Krone würde kleiner durch das Hinzufügen von Silber zum Gewichtsausgleich, so fahren Sie bei Abschnitt **2** fort.

2 Sie irren sich, die Krone wird nicht kleiner, wenn man Silber zum Ausgleich des Gewichtsverlustes hinzufügt. Vielleicht habe ich mich nicht deutlich genug ausgedrückt. Lassen Sie uns die Sache noch einmal von Anfang an durchdenken. Silber ist leichter als Gold. Wenn wir zwei Barren genau gleicher Größe herstellen, einen silbernen und einen goldenen, so ist der Goldbarren schwerer als der aus Silber. Wollen wir erreichen, daß beide Barren gleich schwer sind, so müssen wir zu dem Silberbarren noch Silber hinzufügen, das heißt ihn vergrößern. Es wäre für Archimedes einfach gewesen, den Volumenunterschied zu messen, wenn er es mit einem Gold- und einem Silberbarren der gleichen Form zu tun gehabt hätte. Vor ihm lagen jedoch ein Klumpen Gold und eine Krone. Das macht das Problem sehr viel schwieriger. Die Krone ist – falls man Silber hinzufügte – größer geworden. Aber wie mißt man den Rauminhalt der Krone?
Bitte lesen Sie jetzt Abschnitt **3**, in dem wir uns mit diesem Problem näher befassen wollen.

3 Tatsächlich hätte die Beimengung von Silber die Krone größer werden lassen, als wenn sie aus der gleichen Gewichtsmenge reinen Goldes gemacht worden wäre. Auch wäre es nicht schwer gewesen, das Volumen zweier ähnlicher Gegenstände festzustellen. Als Mathematiker konnte Archimedes natürlich Volumenberechnungen anstellen. Aber wie errechnet man den Rauminhalt eines so komplizierten Gegenstandes wie einer Krone? Es ging ja nicht um einen einfachen Goldreif, sondern um eine reich mit Zacken und Schnörkeln verzierte Krone. Sicher eine wunderschöne Krone, aber wohl kaum ein Gegenstand mit einer leicht zu berechnenden Form.
Stellen wir nun mit Archimedes' Hilfe das Volumen von König Hieros Krone fest und verfolgen wir, wie es ihm gelang, eine Regel zu entwickeln, die erlaubt, die Dichte verschiedener Körper zu vergleichen. Doch bevor wir uns weiter mit diesen Problemen und ihrer Lösung befassen, einige Worte zum Thema wissenschaftlicher Entdeckung all-

gemein. Allzuoft hält man sie ausschließlich für das Ergebnis harter Arbeit und unermüdlicher Versuche. Natürlich spielt beides bei vielen großen Entdeckungen mit. Aber es gibt noch etwas, woran man häufig nicht denkt, das Glück. Ein glücklicher Zufall mag oft die Antwort auf ein Problem bringen, das unlösbar schien. Nur muß dieser Zufall einem Menschen begegnen, der seine Bedeutung erkennt. Große Wissenschaftler und Forscher haben nicht mehr Glück als wir, aber sie verfügen über einen geschulten Verstand, der sie den Sinn im Zufall erkennen läßt. Sie sehen mehr als die Oberfläche, sehen hinter die Dinge.

Große Künstler haben die gleiche Fähigkeit. Nicht umsonst waren in der Frühzeit der Menschheit Kunst und Wissenschaft eins. Vergegenwärtigen wir uns einmal kurz den Sonnenuntergang eines klaren Sommerabends. Der Maler, der den Sonnenuntergang betrachtet, wird die Schönheit des Farbenspiels in den Bäumen und auf den Dächern schauen. Derjenige aber, der nicht die Fähigkeit des Sehens entwickelt hat, der nur sieht, der wird vielleicht flüchtig aufblicken und denken, daß man in etwa einer halben Stunde das Licht am Auto einschalten muß. Es geht hier nicht um ein geheimnisvolles Etwas, das die einen besitzen und die anderen nicht. Diese Fähigkeit wohnt in uns allen und wartet nur darauf, geübt zu werden. Wir müssen unseren Verstand schulen, wir müssen lernen, Fragen zu stellen.

Archimedes hätte niemals das Problem von König Hieros Krone lösen können, wäre er nicht fähig gewesen, die Antwort zu sehen, als er zufällig auf sie stieß.

Ich werde Ihnen gleich erzählen, was Archimedes auf die Lösung brachte, aber nicht, wie diese Lösung aussah. Das werden Sie durch eigene Überlegungen und durch einige einfache Experimente selbst herausfinden. Lassen Sie mich zunächst das Problem wiederholen, damit Sie die Antwort *sehen,* wenn Sie davor stehen.

Wir haben zwei Gegenstände. Einer hat eine ganz einfache Form, sein Volumen läßt sich leicht feststellen. Der andere aber ist so kompliziert gestaltet, daß sich sein Volumen nicht messen läßt. Beide haben dasselbe Gewicht. Wenn also die Krone aus reinem Gold ist, wird sie nicht mehr Raum einnehmen als der Goldklumpen. Ist ihr aber Silber beigemengt, ist ihr Volumen größer als das des Goldklumpens. Frage: Wie können wir das Volumen der Krone genau feststellen?

Lesen Sie nun weiter in Kapitel 2 auf der folgenden Seite.

Zweites Kapitel **Heureka**

4 Wahrscheinlich hat sich Archimedes sehr lange mit dem Problem der Krone König Hieros beschäftigt. Wie es heißt, vergaß er, wenn er von einem derartigen Problem gefesselt war, Speise und Trank, aber doch zum Glück nicht die persönliche Hygiene. Die Griechen maßen ja überhaupt der Körperpflege eine große Bedeutung bei und badeten oft und gern. Und so kam eines Tages Archimedes, als er in der Wanne saß, auf die Lösung seines Problems. Natürlich weiß niemand genau, was wirklich geschah; wir müssen hier die Phantasie zu Hilfe nehmen. Lassen Sie mich die Situation ein bißchen ausmalen, das wird Ihnen helfen, die Antwort auf unser Problem zu finden.

Die Wanne war voll, vielleicht sogar übervoll. Archimedes stieg hinein und tauchte langsam, wie das jeder tut, wenn das Wasser heiß ist, ein. Und während er nun eintauchte, fiel ihm auf, daß sich der Wasserspiegel hob. Schließlich ragte nur noch sein Kopf aus dem Wasser, das inzwischen den Wannenrand erreicht hatte, ja sogar schon ein wenig überlief. Und in diesem Moment, so heißt es, sprang Archimedes unvermittelt mit einem Satz aus der Wanne und rief laut: „Heureka!" So berichten es die meisten Quellen, und in einigen wird sogar bemerkt, daß er auf die Straße lief und sein „Heureka" schrie, was auf deutsch soviel heißt wie „ich hab's gefunden". Allerdings erklärte mir einmal jemand, der Altgriechisch konnte, daß es äußerst unwahrscheinlich sei, daß Archimedes das Wort in dieser nicht gerade häufigen Form gebraucht habe. Es gibt natürlich auch keinerlei Beweis dafür, ob er nun wirklich aus dem Haus lief oder nicht. Uns kommt es hier nur darauf an, daß irgendein Zufall der geschilderten Art Archimedes die Beobachtung machen ließ, die ihm zur Lösung des Problems mit König Hieros Krone verhalf. Und nicht nur dazu. Daraus ergaben sich viel wichtigere Dinge als die „Verlängerung" einer Königskrone mit Silber.

Versetzen Sie sich nun an Archimedes' Stelle. Natürlich müssen Sie nicht in die Wanne steigen, um nachzuweisen, daß ein ins Wasser tauchender Körper den Wasserspiegel hebt. Das wissen Sie noch von Ihrem letzten Bad. Im gleichen Maße, in dem Ihr Körper eintaucht, hebt sich der Wasserspiegel. Vielleicht sagen Sie jetzt, das ist doch sonnenklar, und warum sollte mich das dazu bringen, aus dem Wasser zu hüpfen und „Heureka" oder irgend etwas ähnlich Blödsinniges zu

schreien? Natürlich war Archimedes nicht darüber aufgeregt, daß das Wasser stieg. Er sah nur einen Zusammenhang zwischen der Menge des übergeflossenen Wassers und dem Gegenstand, der das Wasser verdrängt hatte. Und das wiederum brachte ihn auf die Lösung seines Problems der Reinheit von König Hieros Krone.
Sicherlich unternahm er viele Experimente, bis er sich seiner Lösung ganz sicher war. Was waren das nun für Experimente, die Archimedes mit der Krone und einem Goldbarren anstellte, der haargenau gleich viel wog wie der, der dem Goldschmied zur Anfertigung der Krone übergeben worden war?
Archimedes brauchte für seine Versuche nur wenig: ein Gefäß, groß genug, die Krone aufzunehmen, und eine Schale oder ein Becken, in das sich das Gefäß hineinstellen ließ. Er setzte das Gefäß ins Becken, füllte es bis zum Rand mit Wasser und tauchte dann die Krone unter. Dabei verdrängte diese Wasser, das überschwappte und ins Becken floß. Dann füllte er das Gefäß erneut und wiederholte den Versuch, diesmal jedoch nicht mit der Krone, sondern mit dem Gold. Wieder stellte er ganz genau fest, wieviel Wasser über den Rand des Gefäßes ins Becken gelaufen war. Nehmen wir an, daß, als er die Krone eintauchte, mehr Wasser ausgeflossen war als beim Eintauchen des Goldbarrens. Was läßt sich daraus folgern?
Entscheiden Sie sich für eine der drei folgenden Möglichkeiten und wählen damit den Abschnitt, den Sie als nächsten lesen:
Die Krone war schwerer als Gold. Es folgt Abschnitt **10.**
Die Krone hatte ein größeres Volumen als der Goldklumpen. Es folgt Abschnitt **8.**
Sie wissen nicht so recht, was Sie sagen sollen? Sie sollten etwas mehr über das Experiment erfahren? Ihr Abschnitt ist **11.**

Gut! Gegenstände gehen dann im Wasser unter, wenn sie eine größere Dichte haben als Wasser. Das war sehr logisch gedacht. Lassen Sie uns nun diese Überlegung einen Schritt weiterführen. **5**
Archimedes' Experiment hatte gezeigt, daß die ganz in Wasser untergetauchte Krone eine Wassermenge verdrängte, die genau ihrem Volumen entsprach. Das heißt aber genausogut: Ein völlig in Wasser untergetauchter Gegenstand scheint ebensoviel an Gewicht zu verlieren, wie die von ihm verdrängte Wassermenge wiegt.
Wenn wir nun einen bestimmten Gegenstand einmal im Wasser und einmal außerhalb des Wassers wiegen und die verschiedenen Gewichte vergleichen, was werden wir dann feststellen?
Überlegen Sie Ihre Antwort gut.
Wir werden nur feststellen, daß der Gegenstand im Wasser weniger wiegt als außerhalb. Lesen Sie jetzt Abschnitt **12.**
Sie wollen mehr wissen, bevor Sie antworten? Lesen Sie Abschnitt **9.**
Ihrer Meinung nach wird sich auch herausstellen, wieviel schwerer als Wasser der Gegenstand ist. Bitte fahren Sie fort mit Nummer **7.**

6 Warum versinken manche Gegenstände im Wasser, während andere schwimmen? Vielleicht können Sie die Frage leichter beantworten, wenn ich Ihnen Genaueres über die Dichte von Körpern erzähle. Archimedes stellte fest, daß verschiedene Körper auch eine unterschiedliche Dichte haben. Und er verglich die Dichte verschiedener Substanzen (Stoffe) mit der Dichte des Wassers. Er nahm also die Dichte des Wassers als Grundmaß, an dem er die Dichte anderer Substanzen messen konnte. Blei hat eine größere Dichte als Holz, während die von Kork weit geringer ist. Die Dichte des Wassers liegt irgendwo zwischen der von Blei und Holz. Daher geht Blei unter (größere Dichte als Wasser), und Holz schwimmt (geringere Dichte als Wasser). Kork, dessen Dichte noch geringer ist als die von Holz, schwimmt infolgedessen noch besser.

Soviel zum Schwimmen oder Sinken von Gegenständen an dieser Stelle des Buches. Später werden wir uns dann noch mit Fragen beschäftigen wie zum Beispiel, warum ein Eisenbarren untergeht, ein eisernes Schiff aber schwimmt. Im Augenblick jedoch geht es nur um die „Dichte“, und so können wir abschließend hierzu sagen: Ein Körper schwimmt, wenn seine Dichte geringer ist als die des Wassers. Er geht jedoch unter, wenn seine Dichte . . . ist als die des Wassers. Bitte ergänzen Sie das fehlende Wort.

Weiter geht es mit Abschnitt **5**.

7 Jawohl, das ist richtig. Der Vergleich des Gewichts eines Gegenstandes unter Wasser mit seinem Gewicht außerhalb des Wassers wird uns zeigen, wieviel schwerer als Wasser dieser Gegenstand ist. Damit haben wir die „relative Dichte“ dieses Gegenstandes festgestellt, denn aus dem Vergleich des Gewichtes irgendeines Körpers mit dem Gewicht der von ihm beim Eintauchen verdrängten Wassermenge ergibt sich die „relative Dichte“.

Alles, ob fest oder flüssig, hat eine relative Dichte, die in Relation zum Wasser gesetzt ist. So ist zum Beispiel Eisen siebeneinhalbmal schwerer als Wasser, das heißt, seine relative Dichte ist . . . ja, was ist die relative Dichte von Eisen? Ist sie 7 oder 7,5 oder 1/7? Was meinen Sie? Ist die Dichte von Wasser 1 (eins) und Eisen hat eine siebeneinhalbmal größere Dichte als Wasser, so muß die relative Dichte von Eisen 7,5 sein. Ich habe die Antwort hier gegeben, denn sicher sind Sie ohne Mühe zum gleichen Ergebnis gekommen.

Gase sind sehr viel leichter als Wasser. Deshalb bezieht man die Gasdichte auf Wasserstoff.

Ich muß ganz sicher sein, daß Sie begriffen haben, was man unter Dichte versteht. Ganz bestimmt ist Dichte nicht mit Gewicht gleichzusetzen. Man kann sagen: Eisen ist schwer, und Holz ist leicht. Aber ein 10 Kilogramm schweres Holzstück ist schwerer als ein Stück Eisen mit 1 Kilogramm Gewicht. Womit aber müssen wir uns dann befassen, wenn wir die Dichte messen wollen? Wir müssen uns mit dem Volumen

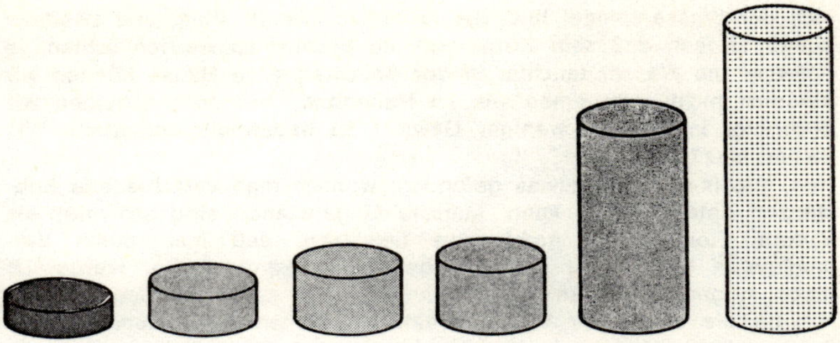

beschäftigen. Die folgende Abbildung zeigt sechs Gegenstände. Unter jedem stehen der Name und das Volumen in Kubikzentimetern (cm³). Wenn ich Ihnen nun sage, daß die 56 cm³ Elfenbein 100 Gramm wiegen, auf welches Gewicht würden Sie dann die anderen fünf Gegenstände der Abbildung schätzen?
Denken Sie scharf nach, bevor Sie Abschnitt **13** und die Antwort aufschlagen.

8

Richtig, das Experiment bewies, daß das Volumen der Krone größer war als das des Goldbarrens. Krone und Gold schwimmen nicht. Es geht also um die Wassermenge, die sie verdrängten, als sie ins Wasser getaucht wurden. Das heißt, wir befassen uns mit dem Volumen. Die Krone verdrängte mehr Wasser als der Goldbarren, daher muß sie ein größeres Volumen haben. Allerdings bestehen, gerade was diesen Punkt angeht, einige Zweifel, ob wirklich die Krone „voluminöser" war als der Goldbatzen. In einigen Berichten wird gesagt, Archimedes habe dem König beweisen können, daß der Goldschmied gestohlen hatte. Andere dagegen behaupten, daß beim Eintauchen der Krone nicht mehr Wasser überlief als beim Untertauchen des Goldes. Doch das ist wirklich unwichtig. Wichtig ist nur, daß Archimedes eine große Entdeckung gelang, die letztlich zu dem führte, was wir das „Archimedische Prinzip" nennen. Begleiten wir Archimedes auf seinem Weg und entwickeln mit ihm das nach ihm benannte Prinzip.
Anläßlich der Erörterung der Materialreinheit von König Hieros Krone haben wir uns mit der Frage befaßt, wieviel Wasser ein Gegenstand verdrängt, den man untertaucht. Dazu sollten wir uns einige andere Fragen stellen und sehen, ob wir die Antwort finden.
Warum schwimmen bestimmte Dinge und andere nicht?
Gehen wir zurück zu Archimedes' Bad und stellen eine weitere Frage. Archimedes fiel zweierlei auf, als er badete. Er bemerkte erstens, daß

sich der Wasserspiegel hob, als er in die Wanne stieg, und zweitens stellte er fest, daß sein Körper um so leichter zu werden schien, je tiefer er ins Wasser tauchte. In der Badewanne zu Hause können wir natürlich nicht schwimmen wie im Hallenbad, und doch scheinen wir auch hier im Wasser weniger Gewicht zu haben als außerhalb. Wie kommt das?

Nun, Archimedes hat etwas gefunden, wonach man verschiedene Substanzen unterscheiden kann. Manche Gegenstände sind schwerer als andere. Gerade hat Archimedes bewiesen, daß man durch Eintauchen in Wasser ihr Volumen bestimmen kann. Später werde ich Ihnen zeigen, wie man es berechnet. Wenn es Ihnen Spaß macht, können Sie dann das Volumen eines Elefanten berechnen, falls es Ihnen gelingt, ihn ganz unterzutauchen.

Aber zurück zur Dichte der Körper. Eine Feder ist leichter, ist weniger „dicht", als ein Stück Metall von haargenau dem gleichen Volumen. Eine als Feder gestaltete Brosche aus Metall würde viel . . . sein (welches Wort fehlt?) als die entsprechende Feder.

Sie wissen, daß Gold eine größere Dichte hat als Silber. Eisen hat eine größere Dichte als Holz, und Wasser hat eine größere Dichte als die meisten Holzarten.

Sie sind jetzt Archimedes und fragen sich: Warum gehen manche Gegenstände im Wasser unter, während andere schwimmen?

Gehen sie unter, weil ihre Dichte größer ist als die des Wassers? Wenn Sie das folgern, dann lesen Sie weiter unter **5**.

Wenn Sie aber die Frage nicht so ohne weiteres beantworten können, nehmen Sie sich jetzt Abschnitt **6** vor.

9 Was werden wir herausfinden, wenn wir einen Körper unter Wasser und dann außerhalb des Wassers wiegen und die Ergebnisse, das unterschiedliche Gewicht, vergleichen? Sie wünschen noch ein wenig mehr Information, um diese Frage zu beantworten? Eine sehr vernünftige Bitte. Bisher haben wir Tatsachen aufgezählt, und jetzt wollen wir diese Tatsachen beweisen und daraus bestimmte Rückschlüsse ziehen, die uns in die Lage versetzen sollen, noch mehr Fakten zu beweisen. Wir haben festgestellt, daß der Gewichtsverlust eines vollkommen in Wasser untergetauchten Gegenstandes dem Gewicht der Wassermenge, die der Gegenstand verdrängt, entspricht. Wir wollen dies durch ein Experiment beweisen, doch wir wollen dabei noch mehr herausfinden. Archimedes nahm die Dichte des Wassers als Richtmaß; davon ausgehend, konnte er die Dichte anderer Flüssigkeiten oder fester Körper berechnen. Wir wollen vorgehen wie er. Wir werden einen Gegenstand zuerst im Wasser und dann außerhalb des Wassers wiegen und anschließend die unterschiedlichen Gewichte vergleichen. Eingetaucht verdrängt der Gegenstand Wasser, also befassen wir uns mit dem Gewicht der verdrängten Wassermenge. Zweierlei finden wir dabei heraus: Das eine ist selbstverständlich; es springt, ein wenig übertrieben ausgedrückt, ins Auge. Doch

das zweite, das wir entdecken wollen, bezieht sich speziell auf den Gegenstand, den wir beim Experiment verwenden, und das Wasser, das er dabei verdrängt.
Bitte blättern Sie nochmals zurück zu Abschnitt **5** und wählen Sie dort eine der anderen Antworten.

10

Die Tatsache, daß beim Untertauchen der Krone mehr Wasser ins Bekken floß als beim Untertauchen des Goldbarrens, zeigt also Ihrer Meinung nach, daß die Krone schwerer war als das Gold.
Entweder haben Sie irgend etwas von dem, was Sie lasen, mißverstanden, oder aber Sie haben einen Gedankensprung gemacht. Wenn Sie vorausgaloppiert sind und an die Wassermenge denken, die durch schwimmende Gegenstände verdrängt wird, dann darf ich Sie bitten, Ihre Ungeduld noch ein wenig zu zügeln, denn damit werden wir uns etwas später befassen.
Weder Krone noch Barren schwimmen, und so haben wir es im Augenblick mit Gegenständen zu tun, die im Wasser untertauchen, die versinken. Sie dachten wohl nicht mehr daran, daß man Krone und Barren ja gewogen hatte und daß beide genau gleich schwer waren. So kann der Umstand, daß die Krone mehr Wasser verdrängt als der Goldbarren, nichts zu tun haben mit dem Unterschied im Gewicht, denn das war bei beiden ja gleich. Sie wissen doch, Silber hat eine geringere Dichte als Gold. Also mußte unser Goldschmied eine im Vergleich zu der gestohlenen Goldmenge größere *Menge* Silber in der Krone verarbeiten, wenn die Krone genausoviel wiegen sollte, als wäre sie aus reinem Gold gemacht. Demnach haben wir es hier mit der Größe zu tun oder, um den Begriff aus der Mathematik zu verwenden, mit dem . . . Sicher können Sie das Wort, das ich hier absichtlich wegließ, ergänzen.
Wenden Sie sich jetzt bitte wieder Abschnitt **4** zu, um eine andere Antwort zu wählen.

11

Oft begreift man ein ganzes Wissensgebiet nicht, nur weil man einen einzigen Punkt nicht verstanden oder übersehen hat, als man begann, sich damit zu befassen. Deshalb freue ich mich, daß Sie Näheres über dieses Experiment wissen wollen, ist es doch ein äußerst wichtiger Versuch.
Sie erinnern sich: Archimedes war sehr erregt, als er entdeckte, daß sich der Wasserspiegel hob, als er in die Wanne stieg. Es ist unwahrscheinlich, daß er diese augenfällige Tatsache nicht schon früher bemerkt hatte. Doch aufgeregt war er in dem Augenblick, als er einen Zusammenhang zwischen der Größe des ins Wasser getauchten Gegenstandes — in diesem Falle seines Körpers — und der Menge des verdrängten Wassers entdeckte. Sie können dies leicht selbst ausprobieren. Nehmen Sie ein Schüsselchen und einen Suppenteller oder auch

Tasse und Untertasse. Stellen Sie das Schüsselchen in den Suppenteller und füllen es bis zum Rand mit Wasser. Nun brauchen Sie noch zwei Gegenstände verschiedener Größe, die beide im Wasser untergehen. Sie können einen Stein und eine große Murmel nehmen oder eine Kartoffel. Es ist egal, was Sie nehmen, die Dinge sollen nur verschieden groß sein.
Legen Sie den ersten Ihrer Gegenstände behutsam in das wassergefüllte Schüsselchen. Ein Teil des Wassers wird nun in den Suppenteller überlaufen. Jetzt heben Sie das Schüsselchen vorsichtig aus dem Teller und gießen das Wasser aus dem Suppenteller in ein Glas. Füllen Sie die Schüssel erneut randvoll mit Wasser und wiederholen den Versuch mit dem zweiten Gegenstand. Das in den Teller gelaufene Wasser gießen Sie in ein gleich großes Glas. Jetzt vergleichen Sie die Höhe des Wasserspiegels in den beiden Gläsern. Sie sehen, daß der größere Gegenstand mehr Wasser verdrängte als der kleinere.
Ob Sie nun den Versuch mit Erfolg durchgeführt haben oder nicht, auf alle Fälle, das versichere ich Ihnen, verdrängt ein größeres Objekt mehr Wasser als ein kleineres. Der Wasserspiegel in der Badewanne wird, wenn ein Riese badet, höher steigen als beim Bad eines Zwerges. Archimedes' Versuch war ähnlich wie der, den ich Ihnen eben beschrieb. Nur daß er Krone und Goldbarren gleichen Gewichts verglich. Was ist bewiesen, wenn die Krone mehr Wasser verdrängt als der Goldbarren?
Wenn Sie glauben, der Versuch beweist, daß die Krone schwerer ist (mehr wiegt) als der Goldbarren, dann lesen Sie jetzt bitte Abschnitt **10.** Meinen Sie, das Experiment zeigt, daß die Krone größer war als der Barren, dann sollten Sie sich Abschnitt **8** zuwenden.

12

Es stimmt wirklich: Ein Gegenstand ist unter Wasser leichter als außerhalb des Wassers. Doch ist dies alles, was wir herausfinden können? Wir haben festgestellt, daß ein Körper, der völlig mit Wasser bedeckt ist, scheinbar Gewicht verliert. Wir wissen also schon, daß ein Körper unter Wasser anscheinend leichter ist als außerhalb des Wassers, wir sollten also etwas mehr als nur das herausfinden. Sie fragen, was? Nun, wir sollten den zweiten Teil der Behauptung, die wir in Abschnitt 5 aufstellten, beweisen, daß die Gewichtsabnahme gleich ist dem Gewicht des verdrängten Wassers. Ich schlage vor, daß wir herauszubekommen versuchen, wieviel schwerer als Wasser ein Gegenstand ist. Bitte lesen Sie nun Abschnitt **7.**

13

Sie wiegen alle 100 Gramm. Das Goldstückchen ist der kleinste, denn Gold hat von allen sechs Gegenständen die größte Dichte. Wir sollten also zum Beispiel nicht sagen, Gold ist schwerer als Eisen, sondern Gold hat eine größere . . . als Eisen. Welches Wort habe ich ausgelassen?

Dichte läßt sich nach der einfachen Formel berechnen:

$$\text{Dichte} = \frac{\text{Gewicht}}{\text{Volumen}}\ \text{g/cm}^3$$

(g/cm^3 = Gramm pro Kubikzentimeter).

Wir erhalten also die Dichte (ausgedrückt in g/cm^3) einer Substanz, indem wir ihr Gewicht durch ihr Volumen teilen. Die Dichte von reinem Gold ist 19,3 g/cm^3. Falls also König Hieros Krone eine geringere Dichte hatte, so konnte sie nicht aus reinem Gold bestehen, sondern es mußte dem Ausgangsmaterial ein anderes Metall beigemengt worden sein. Bevor wir also die Dichte von etwas bestimmen können, müssen wir sein Volumen und sein Gewicht bestimmen.
Doch lassen Sie uns jetzt ein Experiment durchführen. Wir brauchen dazu eine Federwaage, ein großes Becherglas mit einem Überlauf im oberen Drittel, ein kleines Becherglas, Wasser, einen Stein, ein Stück Faden oder Kordel und eine Neigungswaage (es genügt eine der üblichen Küchenwaagen).
Blättern Sie nun weiter zu Kapitel 3, Abschnitt **14**.

Drittes Kapitel

Das erste Experiment auf dem Weg zum Archimedischen Prinzip

14 **Die Methode:** Wiegen Sie den Stein mit der Federwaage und notieren das Gewicht. Hängen Sie dann den Stein, wie das die Abbildung zeigt, in das große Becherglas, das Sie mit Wasser gefüllt haben. Der Stein verdrängt Wasser, das in das kleine Becherglas überfließt, dessen Gewicht Sie zuvor genau auf der Zeigerwaage festgestellt haben. Wiegen Sie nun wiederum den ganz und gar untergetauchten Stein – er darf weder Boden noch Wand des Gefäßes berühren – und notieren das Gewicht. Sobald kein Wasser mehr aus dem großen Becherglas ausfließt, entfernen Sie den Stein. Dann nehmen Sie das kleine Glas mit dem darin befindlichen Wasser und stellen auf der Zeigerwaage sein Gewicht fest.

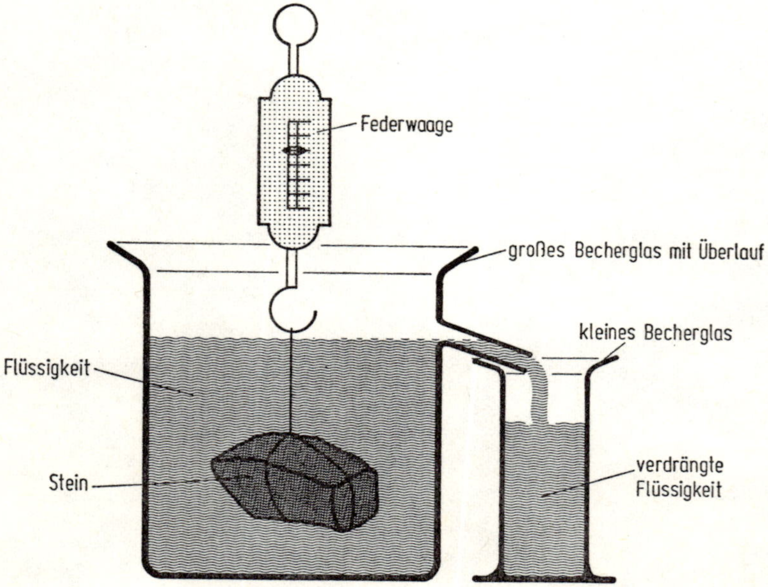

Fahren Sie nun fort mit der Lektüre von Abschnitt **15** und hören, was wir mit den Ergebnissen anfangen.

Haben Sie den Versuch korrekt durchgeführt, dann können Sie jetzt **15**
ausrechnen, wie hoch die Differenz zwischen dem Gewicht des Steins im Wasser und seinem Gewicht außerhalb des Wassers, in Luft, ist und wieviel das verdrängte Wasser wiegt.
Schreiben Sie das Ergebnis in folgender Weise auf:

Gewicht des Steins in der Luft	=	g
Gewicht des Steins im Wasser	=	g
Scheinbarer Gewichtsverlust (Gewichtsdifferenz)	=	g
Gewicht des leeren kleinen Becherglases	=	g
Gewicht des kleinen Becherglases mit Wasser	=	g
Gewicht des verdrängten Wassers	=	g

Da ich natürlich nicht weiß, wie schwer Ihr Stein ist, kann ich Ihre Rechnung nicht nachprüfen. Aber ich weiß, zu welchem Ergebnis Sie gelangen müßten. Sie müßten feststellen, wie das Archimedes feststellte, daß der scheinbare Gewichtsverlust des Steines genauso groß ist wie das Gewicht des von diesem Stein verdrängten Wassers. Wenn also der Gewichtsverlust 150 g ist, so müßte die verdrängte Wassermenge ebenfalls 150 g wiegen.
Haben Sie ein entsprechendes Ergebnis herausbekommen?
Wenn ja, so lesen Sie nun Abschnitt **18.**
Wenn nein, so wenden Sie sich Abschnitt **22** zu.

Archimedes würde wohl an der offenen Stelle des Satzes das Wort **16**
„Auftrieb“ gebraucht haben. Das Phänomen des Auftriebs in Flüssigkeiten und Gasen – mit letzteren werden wir uns später befassen – faszinierte den mathematisch geschulten Verstand eines Mannes wie Archimedes. Befassen wir uns zusammen mit ihm noch ein wenig mehr damit. Anschließend machen wir dann wieder den einen oder anderen seiner Versuche, und schließlich werden wir sein Prinzip auf Dinge unserer Tage anwenden, zum Beispiel auf große Ozeandampfer und auf Unterseeboote. Archimedes hätte sie sicher bestaunt, doch es gibt sie nur, weil er und andere wie er Fragen stellten und die Antworten darauf suchten. Doch kehren wir zurück zu der Feststellung, daß unser Körper in der Badewanne leichter zu werden scheint und wir im Freibad schwimmen können. Natürlich wird der Körper in beiden Fällen scheinbar leichter, aber wir wollen einen Schritt weitergehen und uns mit der Frage des Schwimmens beschäftigen. Wir schwimmen an der Wasseroberfläche, aber ein Taucher muß mit Gewichten beschwert werden, um untertauchen zu können. Warum ist das so?
Meine Frage an Sie lautet also jetzt: Warum ist es einfacher zu schwimmen als zu tauchen und unten zu bleiben?
Falls Sie die Antwort nicht wissen, lesen Sie Abschnitt **20.**

Wenn Sie diese Behauptung nicht akzeptieren, dann lesen Sie nun Abschnitt **19.**
Lautet Ihre Antwort, daß der Auftrieb Sie an der Wasseroberfläche hält, dann lassen Sie Abschnitt **24** folgen.
Wenn Sie meinen, die Antwort ist, daß der Körper um so leichter wird, je tiefer er eintaucht, dann fahren Sie fort mit Abschnitt **23.**

17 Sie glauben, der scheinbare Gewichtsverlust eines Gegenstandes ist durch seine Art, seine Zusammensetzung, und nicht durch seinen Rauminhalt bedingt? Denken Sie an König Hieros Krone! Was sollte Archimedes herausfinden? Er kannte das Gewicht der Krone, und er wußte auch, daß sie entweder aus reinem Gold oder aber aus einer Gold-Silber-Mischung war. Doch das . . . oder die . . . der Krone war ihm unbekannt. Sicher wissen Sie, welches Wort fehlt. Die Art eines Gegenstandes ist von großer Wichtigkeit, doch unsere Frage lautete: Hängt der scheinbare Gewichtsverlust von der Zusammensetzung, dem Stoff, oder eher vom Rauminhalt des Gegenstandes ab. Wir werden gleich einen weiteren Versuch machen. In diesem Versuch werden wir nicht mit einem untergetauchten Gegenstand, sondern mit einem schwimmenden zu tun haben. Sie werden dann noch klarer erkennen, warum der scheinbare Gewichtsverlust auf das Volumen und nicht auf die Art eines Gegenstandes zurückzuführen ist. Inzwischen nehmen Sie bitte Archimedes' Aussage hin, auch wenn Sie noch nicht ganz überzeugt sind, daß der scheinbare Gewichtsverlust mit dem Volumen, dem Rauminhalt, und nicht mit der Zusammensetzung, der Art, eines Gegenstandes zusammenhängt.
Bitte lesen Sie jetzt Abschnitt **21.**

18 Ihr Versuch brachte also das richtige Ergebnis. Sie haben damit bewiesen, daß der scheinbare Gewichtsverlust des Steines dem Gewicht der verdrängten Wassermenge entspricht. Aber da läßt sich noch mehr beweisen. Archimedes stellte eine ganze Reihe von Fragen. Und da Sie die Rolle des Archimedes spielen und gerade eben seinen Versuch durchgeführt haben, ist es nun recht und billig, wenn Sie die gleichen Fragen stellen.
Was verursacht den scheinbaren Gewichtsverlust des Steines? Hängt dieser scheinbare Gewichtsverlust ab von der Substanz (der Art) oder vom Volumen des eingetauchten Gegenstandes? Mit Substanz oder Art meine ich hier die Zusammensetzung des Gegenstandes, das, woraus er besteht. Archimedes kannte die Antwort auf diese, die zweite Frage. Er hatte sie gefunden, als er das Problem mit der Krone König Hieros löste. Da Sie dabei waren, sollten auch Sie die Antwort darauf kennen. Und von daher brauchen wir nur zwei neue Wörter für die Antwort auf die erste Frage, was den scheinbaren Gewichtsverlust bewirkt. Ich werde Ihnen diese beiden neuen Wörter gleich nennen. Aber zuvor wol-

len wir sehen, ob Sie die Antwort auf die zweite Frage gefunden haben. Ist der scheinbare Gewichtsverlust abhängig von der Art des Gegenstandes (ob er aus Eisen oder Holz oder Stein ist) *oder* doch wohl eher vom Volumen des eingetauchten Gegenstandes?
Hängt er Ihrer Meinung nach eher von der Art des Gegenstandes ab als vom Volumen, so lesen Sie jetzt Abschnitt **17.**
Denken Sie aber, daß das eher mit dem Volumen als mit der Art zu tun hat, so lesen Sie nun Abschnitt **21.**

19

Ihrer Meinung nach ist es also nicht leichter zu schwimmen als zu tauchen und unten zu bleiben. Wahrscheinlich sind Sie Nichtschwimmer, denn Schwimmer wissen das. Wie aber kann ich Sie überzeugen? Am besten wohl durch einen Versuch und durch die Bitte an Sie, Gegenstände, die schwimmen, zu beobachten.
Kommen wir nochmals zurück auf einen ganz bestimmten Begriff, den Auftrieb. Das Wort Auftrieb ruft in mir das Bild von auf dem Wasser treibenden Dingen hervor. Sie können nun mit einer Wanne oder einer Schüssel voll Wasser experimentieren, einfacher wird es vielleicht, wenn Sie die Schüssel wählen. Es ginge sogar mit einer Tasse voll Wasser, doch wird Sie ein Versuch in so kleinem Maßstab wohl weniger überzeugen. Jetzt brauchen wir irgend etwas, das schwimmt, vielleicht ein Stück Holz oder ein Spielzeugboot. Setzen Sie das Holzstück in einen wassergefüllten Eimer und sehen Sie, wie gut es schwimmt. Was müssen Sie tun, um das Holz unter Wasser zu bekommen? Sie müssen es unter Wasser drücken. Und was geschieht, wenn Sie die Hand wieder wegnehmen? Das Holz schießt zurück an die Oberfläche.
Bei Ihrem nächsten Bad können Sie selbst Versuchskaninchen spielen. Wenn Sie in der vollen Wanne sitzen, lassen Sie einen Ihrer Arme locker auf dem Wasser treiben. Wie bringen Sie ihn unter Wasser? Was müssen Sie tun?
Es gibt viele derartige Versuche, und sicher fallen Ihnen noch überzeugendere ein als die, die ich vorschlug. Doch ob Sie es nun noch bewiesen haben müssen oder nicht, ich kann Ihnen versichern, daß es leichter ist zu schwimmen als zu tauchen und unter Wasser zu bleiben. Wenn Sie mir also jetzt Glauben schenken, dann kehren Sie zurück zu Abschnitt **15** und wählen nun eine andere Antwort.

20

Sie wissen nicht, warum es einfacher ist zu schwimmen als zu tauchen? Das ist eine ehrliche Antwort. Ich will versuchen, Ihnen weiterzuhelfen. Zuerst muß ich einer Sache ganz sicher sein, nämlich daß Sie davon überzeugt sind, daß es leichter ist, an der Wasseroberfläche zu schwimmen als zum Grund hinabzutauchen. Wenn Sie das bezweifeln, dann sollten Sie jetzt Abschnitt **19** lesen. Wenn Sie aber die obige Feststellung akzeptieren und nur nicht wissen, warum das so ist, dann lesen Sie hier weiter.

Folgendes ist ganz klarzustellen: Wasser übt einen Auftrieb aus, und wenn Sie im Wasser schwimmen, so tun Sie das in jedem Fall mit Hilfe des Auftriebs. Man kann den Auftrieb des Wassers „greifen". Nehmen Sie einen schwimmfähigen Gegenstand, am besten ein Stück Holz, und drücken es in einem wassergefüllten Eimer oder einer Schüssel zu Boden. Ihrem nach unten gerichteten Druck wird das Wasser einen nach oben gerichteten Druck, den Auftrieb, entgegensetzen. Lassen Sie jetzt das Holz schwimmen und setzen so lange irgendwelche Gewichte darauf, bis es untergeht. Was geschieht mit dem Holz, wenn es so schwer beladen ist, daß es untergeht? Sinkt es senkrecht auf den Boden des Eimers oder der Schüssel?
Der menschliche Körper schwimmt wie das Stück Holz auf dem Wasser, weil ihn der . . . (setzen Sie das fehlende Wort ein) des Wassers oben hält. Es bedarf eines zusätzlichen Gewichtes, so wie ein Taucher mit Bleigewichten beschwert wird, um den Auftrieb aufzuheben und unter Wasser zu bleiben.
Fahren Sie nun fort mit Abschnitt **24.**

21 Die bis jetzt von Ihnen durchgeführten Versuche des Archimedes lassen vermuten, daß der scheinbare Gewichtsverlust im Wasser mehr durch das Volumen des Gegenstandes und weniger durch seine Art bedingt ist. Wir werden gleich einige weitere Versuche anschließen und daraus weitere Erkenntnisse ableiten, die unsere Vermutung zur Tatsache jenseits allen Zweifels werden lassen. Im Moment jedoch wollen wir einmal überlegen, warum das Gewicht eines Gegenstandes in der Luft größer scheint als im Wasser. Diese Überlegung führt uns zum ersten der beiden von mir angekündigten neuen Begriffe, dem *Auftrieb.* Auftrieb läßt sich umschreiben als die Fähigkeit eines Gegenstandes, im Wasser zu schwimmen, aus dem Wasser aufzutauchen, nicht unterzugehen usw. Das heißt mit anderen Worten, ein Gegenstand scheint im Wasser weniger zu wiegen als außerhalb, weil das Wasser irgend etwas mit diesem Gegenstand tut. Was, das mag Ihnen Archimedes mit den Worten seines nach ihm benannten Prinzips sagen, allerdings nicht wörtlich: „Taucht man einen Gegenstand ganz oder teilweise in eine Flüssigkeit (in unserem Experiment war diese Flüssigkeit Wasser), so erfährt er einen Auftrieb, der gleich ist dem Gewicht (eigentlich müßten wir hier von Druck sprechen, d. Ü.) der von diesem Gegenstand verdrängten Flüssigkeitsmenge."
Man kann es auch so ausdrücken: Archimedes glaubte, daß der Gegenstand, taucht er nun vollständig oder nur teilweise in die Flüssigkeit ein, von der Flüssigkeit nach oben, hinaufgetrieben wird. Dazu eine ganz einfache Frage: Sie scheinen in der Badewanne weniger zu wiegen, als Sie normalerweise wiegen. Was hat diese Erscheinung gemeinsam mit der Tatsache, daß unser Körper in einer größeren Wassermenge, im Schwimmbad oder in der See, schwimmt? Welche Antwort würden Sie, wenn Sie Archimedes wären, darauf geben? Mein

Körper wird in der Badewanne scheinbar leichter und schwimmt im Freibad aufgrund des . . . des Wassers. Überlegen Sie, welches Wort fehlt. Es folgt Abschnitt **16**.

22

Ihr Versuch war nicht erfolgreich? Sie kamen also nicht zu demselben Ergebnis wie Archimedes, der ja den Beweis dafür erbrachte, daß der scheinbare Gewichtsverlust des Steines dem Gewicht der durch ihn verdrängten Wassermenge entspricht? Offensichtlich war bei Ihrem Experiment das Gewicht des untergetauchten Steines nicht gleich dem des verdrängten Wassers. Vielleicht stimmt eine Ihrer beiden Waagen nicht. Wahrscheinlich aber haben Sie einfach falsch gerechnet oder den Versuch nicht richtig durchgeführt. Lesen Sie jetzt, wie ich das Experiment ausführte, und prüfen meine Zahlen und Berechnungen, ehe Sie den Versuch wiederholen.

Ich füllte das große Becherglas bis zum Ansatz des Überlaufs mit Wasser, so daß das Wasser überlaufen mußte, sobald ich einen Gegenstand hineintauchte. Nun wog ich den leeren kleinen Becher und notierte das Gewicht mit 65 g. Ich hing einen Stein an die Federwaage; er wog 335 g außerhalb des Wassers. Auch diese Zahl hielt ich fest. Nun wurde der Stein in das große Glas getaucht, bis er ganz unter Wasser war. Jetzt wog der Stein nur noch 185 g. Dieses Gewicht zog ich vom ursprünglichen Gewicht ab (335 g − 185 g) und kam so zu einem scheinbaren Gewichtsverlust von 150 g. Nun stellte ich den Becher, der das übergelaufene Wasser enthielt, auf die Zeigerwaage. Becher und Flüssigkeit wogen zusammen 215 g. Davon zog ich das Gewicht des leeren Bechers ab (215 g − 65 g) und erhielt 150 g als Gewicht des verdrängten Wassers. Damit hatte ich bewiesen, daß der scheinbare Gewichtsverlust des Steines dem Gewicht des verdrängten Wassers entspricht.

Bitte schlagen Sie nochmals Abschnitt **14** auf und wiederholen den Versuch.

23

Sie meinen also, je tiefer Sie tauchen, desto leichter werden Sie; und das ist der Grund dafür, daß Schwimmen leichter ist als Tauchen und am Grund zu bleiben. Ihre Antwort zeigt zwar, daß Sie nachgedacht haben, doch ist das nicht die Antwort, die Sie hätten wählen müssen. Wir haben festgestellt, daß ein Körper, wenn er ganz oder teilweise in eine Flüssigkeit eingetaucht wird, einen Auftrieb erfährt, der dem Gewicht der von ihm verdrängten Flüssigkeitsmenge entspricht. Wir werden in einem Versuch beweisen, daß ein schwimmender Gegenstand durch den Auftrieb der Flüssigkeit, in der er schwimmt, sein ganzes Gewicht zu verlieren scheint. Unser Thema ist also der scheinbare Gewichtsverlust des Objekts, ob es nun ganz untergetaucht wird oder im Wasser schwimmt (denn das ist die Flüssigkeit, mit der wir es im Augenblick zu tun haben). Doch nicht der Gewichtsverlust ist der Grund, warum es einfacher ist zu schwimmen als unterzutauchen. Welche Kraft übt das Wasser auf einen Gegenstand, der schwimmt oder eingetaucht wird, aus? Diese Kraft heißt . . . Bitte ergänzen Sie das fehlende Wort, Sie kennen es ganz sicher.

Kann man den Auftrieb des Wassers sichtbar machen? Die Frage ist sehr wichtig. Wenn Sie Lust haben, können Sie dazu einen Versuch machen. Sie brauchen eine wassergefüllte Schüssel oder einen Eimer und einen Gegenstand, der schwimmt, etwa ein Stück Holz. Lassen Sie das Holz im Wasser schwimmen und drücken dann darauf. Sie werden den Auftrieb des Wassers spüren, wenn Sie das Holz ins Wasser drücken. Das Gewicht des Holzes bleibt bei unserem Versuch unverändert. Warum also müssen Sie Druck ausüben?

Bitte wenden Sie sich nochmals Abschnitt **16** zu, und wählen Sie eine andere Antwort.

24

Sie meinen also, daß es der Auftrieb ist, der Sie schwimmen läßt und der, wenn man unter Wasser bleiben will, durch Gewichte aufgehoben werden muß. Das ist richtig. Aber während der Auftrieb, der Ihnen das Schwimmen ermöglicht, sich mit der Tiefe des Wassers kaum ändert, ändert sich der Druck.

Archimedes entdeckte, daß der Druck einer Flüssigkeit mit zunehmender Tiefe steigt, zunimmt. Fällt Ihnen ein modernes Beispiel dafür ein? Wie ist das mit Tauchern oder U-Booten? Können Sie bis zum Grund des tiefsten Ozeans hinabtauchen? – Nein, die Tiefe, bis zu der ein Tauchboot vordringen kann, wird bestimmt durch die Stärke des Bootskörpers. Denn je größer die Tiefe, desto größer der Druck.

Es folgt jetzt Kapitel 4, Abschnitt **25.**

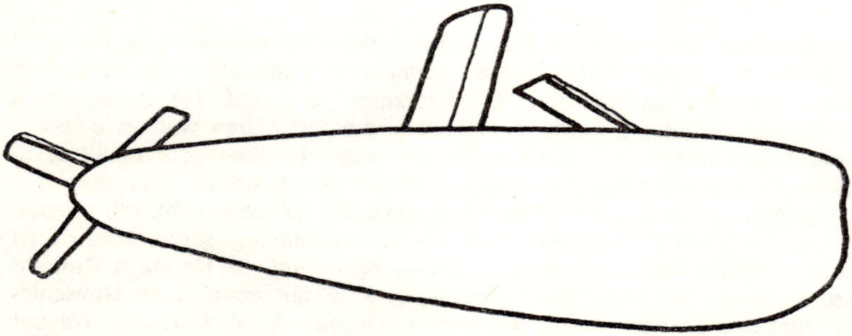

Unterseeboot

Viertes Kapitel

Das zweite Experiment auf dem Weg zum Archimedischen Prinzip

Bevor wir mit dem nächsten Experiment beginnen, wollen wir eine kurze Wiederholung einschalten, denn wir werden im folgenden nicht mit Wasser, sondern mit anderen Flüssigkeiten experimentieren. Gegenstand unserer Untersuchung werden schwimmende Gegenstände sein, und wir werden den nächsten Schritt zum Archimedischen Prinzip hin machen. Wenn wir verschiedene Flüssigkeiten verwenden, ähnlich wie Archimedes mit verschiedenen Flüssigkeiten experimentierte, werden wir zwei Dinge auf einmal lernen. **25**

Doch beschäftigen wir uns noch einmal mit der Frage der *Dichte.* Sie werden sich erinnern, daß Archimedes die Dichte verschiedener Dinge miteinander verglich. Eisen hat eine größere Dichte als Holz. Wird daher ein viereckiges Stück Eisen von der Größe 30×30×30 cm, wie es die Abbildung zeigt, mehr oder weniger wiegen als ein Stück Eichenholz exakt derselben Größe? Rekapitulieren Sie, was Sie bisher gelernt haben, und entscheiden, ob das Eisen mehr wiegt oder weniger wiegt als das Stück Eichenholz, und fahren dann fort mit der Lektüre des Abschnitts **30.**

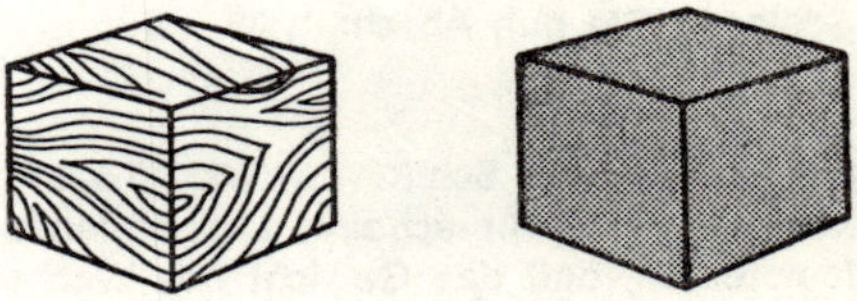

Sehr gut. Ob ein Gegenstand schwimmt, ist abhängig von der Dichte der Flüssigkeit, verglichen mit der Dichte des Gegenstandes, der in die Flüssigkeit eintaucht. Sie haben behalten, was wir bisher über den Begriff der relativen Dichte herausgefunden haben. Wir haben hier eine sehr wichtige Entwicklungsstufe in Archimedes' Werk erreicht, eine Entwicklungsstufe, auf die wir später etwas detaillierter eingehen werden. **26**

Für einen Augenblick sollten Sie sich jetzt in Archimedes' Zeit zurückversetzen. Überlegen Sie einmal, welch großartigen forschenden Verstand dieser Mann gehabt haben muß, daß er so tief in das Problem des Schwimmens eindrang und die relative Dichte verschiedener Körper verglich. Seine Zeitgenossen nahmen es als gegebene Tatsache hin, daß bestimmte Dinge schwimmen und andere untergehen. Sie bauten hölzerne Schiffe, weil Holz allgemein als Baumaterial Verwendung fand und auch, weil es im Wasser schwamm. Zugegeben, sie hatten nicht die technischen Möglichkeiten zum Bau eiserner Schiffe. Aber wenn sie imstande gewesen wären, große Metallplatten herzustellen und sie zu einem Schiff zusammenzufügen, dann hätte ihnen das Archimedische Prinzip bewiesen, so wie es das Ihnen noch beweisen wird, daß ein solches Schiff schwimmt. Und doch dauerte es nach Archimedes' Tod noch fast 2000 Jahre, bis man das erste eiserne Schiff baute. Und selbst dann glaubten die meisten Menschen, daß solch ein Schiff untergehen müßte. Warum es nicht sank und warum wir heute große stählerne Schiffe bauen, bei denen wir es als gegeben hinnehmen, daß sie schwimmen, das sagt uns das Archimedische Prinzip.

Um zusammenzufassen: Aus unseren Überlegungen und mit Archimedes' Hilfe haben wir gelernt, daß ein Gegenstand dann schwimmt, wenn seine Dichte geringer ist als die der ihn umgebenden Flüssigkeit. Wir können uns nun dem nächsten Experiment zuwenden, und ich möchte einmal mehr betonen, daß alle Experimente dieses Buches solche Versuche sind, wie sie Archimedes durchgeführt haben könnte. Der einzige Unterschied besteht darin, daß er sich seine experimentelle Ausrüstung selbst „erfinden" mußte, während wir, dank ihm, eine Ausrüstung gebrauchen können, die speziell für derartige Experimente entwickelt wurde.

Schlagen Sie nun Abschnitt **35** auf.

27

Sie meinen, ein Schiff von 5 000 Tonnen Gewicht verdrängt überhaupt kein Wasser? Mir scheint, unsere letzten Experimente, bei denen wir feststellten, daß das Gewicht des Wachses in der Salzlösung oder das der leeren Flasche im Paraffin 0 Gramm betrug, haben Sie wohl etwas verwirrt. Als Wachs und Flasche in der Flüssigkeit schwammen, konnten wir mit der Federwaage kein Gewicht feststellen. Es handelte sich dabei um einen scheinbaren, nicht aber um einen wirklichen, vollkommenen Gewichtsverlust. Erinnern Sie sich, Wachs wie Flasche verdrängten Wasser in einer Menge, deren Gewicht ihrem eigenen Gewicht entsprach!

Dasselbe Prinzip kann man auch auf ein 5 000-Tonnen-Schiff anwenden. Wenn das Schiff schwimmt, verdrängt es Wasser, dessen Gewicht seinem eigenen Gewicht entspricht. Wenn Sie eine riesige Federwaage über unserem Schiff anbringen und es damit aus dem Wasser heben könnten, so könnten Sie feststellen, daß der Zerstörer in der Luft 5 000 Tonnen wiegt. Das tatsächliche Gewicht eines Schiffes zeigt sich an der Wassermenge, die es verdrängt. Also verdrängt ein 5 000-Tonnen-Schiff 5 000 Tonnen Wasser. Das Gewicht eines Unterseebootes wird einmal angegeben in Überwassertonnage und zum anderen in Unterwassertonnage, denn ein Unterseeboot verdrängt untergetaucht mehr Wasser als aufgetaucht. Doch auf die Frage der Unterseeboote wollen

wir später näher eingehen. Das, was Sie sich jetzt merken sollten, ist folgendes: Die Wassermenge, die ein schwimmender Gegenstand verdrängt, entspricht dem Gewicht dieses Gegenstandes außerhalb des Wassers. Nehmen wir zum Beispiel ein Frachtschiff: Leer wiegt es 10 000 Tonnen, also verdrängt es eine Wassermenge von . . . Tonnen. Wie groß ist seine Wasserverdrängung, wenn es 5 000 Tonnen Fracht geladen hat?
Wenn Sie diese Frage bedacht und beantwortet haben – das ist durch eine simple Addition möglich –, schlagen Sie bitte nochmals Abschnitt **32** auf und wählen eine andere Antwort auf die Frage, wieviel Wasser der Lenkwaffenzerstörer, der 5 000 Tonnen wiegt, verdrängt.

28

Sie haben keine Ahnung, wieviel Wasser ein Lenkwaffenzerstörer, der 5 000 Tonnen wiegt, verdrängt? Wenn Sie scharf nachdenken, können Sie die Frage ganz sicher beantworten. Darf ich Ihnen dabei helfen, indem ich Ihnen unsere letzten Experimente ins Gedächtnis zurückrufe? Eine Flasche, die außerhalb des Wassers, mit einer Feder- oder mit einer Zeigerwaage gewogen, 200 Gramm wiegt, scheint schwimmend nichts zu wiegen. Dieses scheinbare Gewicht Null verdankt sie der Flüssigkeit, die sie trägt. Die Flasche ist jedoch Ursache dafür, daß etwas Flüssigkeit verdrängt wird, wir könnten sagen, daß Flüssigkeit „hinausgeworfen" wird, um Platz für die Flasche zu schaffen. Wenn wir diese verdrängte Flüssigkeit wiegen, was stellen wir fest? Sie wiegt 200 Gramm, genauso viel, wie unser Fläschchen wog, ehe wir es schwimmen ließen. Mit anderen Worten, die Flasche verdrängt eine Wassermenge, deren Gewicht ihrem eigenen entspricht.
Dieses „Gesetz des Schwimmens" können wir auf jeden schwimmenden Gegenstand anwenden. Der schwimmende Gegenstand, sei es eine Flasche, ein Stück Wachs, ein Ozeandampfer oder was auch immer, wird jeweils eine Flüssigkeitsmenge verdrängen, die seinem eigenen Gewicht entspricht. Natürlich kann man im Falle eines Schiffes die verdrängte Wassermenge nicht so leicht feststellen wie bei der Flasche oder dem Klümpchen Wachs. Man kann ein 5 000-Tonnen-Schiff eben nicht in einen Überlaufbecher tauchen, doch kann man dies alles in der Werft, im Trocken- oder im Schwimmdock feststellen.
Wir wollen uns eines merken: Man kann das „Gesetz des Schwimmens" bei allen schwimmenden Gegenständen anwenden.
Bitte lesen Sie nun Abschnitt **32** nochmals und wählen Sie eine der anderen Antwortmöglichkeiten.

29

Ich freue mich, daß Sie nach einem Beweis dafür verlangen, daß Salzlauge eine größere Dichte hat als Wasser und daß die Dichte des Paraffins geringer ist als die des Wassers. Archimedes nahm nichts als gegeben hin, und auch für Sie gibt es keinen Anlaß, meine Behauptung über die unterschiedliche Dichte von Wasser, Salzwasser und

Paraffin hinzunehmen. Ich werde es Ihnen also beweisen oder besser noch, Ihnen helfen, den Beweis, nach dem Sie verlangen, zu finden. Allerdings möchte ich nicht zu weit vorpreschen, denn später wollen wir ein paar Berechnungen durchführen, mit deren Hilfe Sie die Dichte von verschiedenen Flüssigkeiten berechnen und die Ihnen als Schema zur Berechnung der Dichte jeder beliebigen Flüssigkeit dienen können. Doch ehe wir an die Berechnungen gehen, brauchen wir die Versuche mit verschiedenen Flüssigkeiten. Daher sei im Augenblick nur gerade soviel gesagt, daß damit bewiesen ist, daß Salzwasser eine größere Dichte hat als Wasser und Paraffin eine geringere.

Salzlösung ist mit Salz gesättigtes Wasser. Anders ausgedrückt, es handelt sich um Wasser, in dem eine Menge Salz aufgelöst wurde. Seewasser ist salzig, und also ist es eine . . . Wenn Sie Schwimmer sind, haben Sie vielleicht schon die Erfahrung gemacht, daß das Schwimmen im Meerwasser wesentlich leichter geht als im Schwimmbassin. Das kommt von der größeren Dichte des Meerwassers. Je mehr Salz das Wasser enthält, desto größer ist die Dichte der Salzlösung. Das Tote Meer im Mittleren Osten enthält so viel Salz, daß der menschliche Körper darin nicht untergeht. Man kann also sagen, daß Salz die Dichte des Wassers erhöht. Und weil Salzlösung ja Salzwasser ist, hat Salzlösung eine größere Dichte als normales Wasser.

Um zu beweisen, daß Paraffin eine geringere Dichte hat als Wasser, gibt es leider kein so einfaches Beispiel. Bitte experimentieren Sie niemals mit Paraffin außer unter Aufsicht in einem Laboratorium. Wie Sie sicherlich wissen, ist Paraffin leicht entflammbar und der Umgang damit äußerst gefährlich, es sei denn unter entsprechenden, genau kontrollierten Bedingungen. Deshalb will ich nur über das Verhältnis von Paraffin und Wasser sprechen, und Sie können dann selbst Ihre Rückschlüsse ziehen. Wenn Wasser und Paraffin in einem Gefäß gemischt werden, steigt das Paraffin immer an die Oberfläche. Warum wohl? Paraffin steigt an die Oberfläche, weil seine Dichte . . . ist als die des Wassers. Setzen Sie bitte das fehlende Wort ein, und wenden Sie sich dann wieder Abschnitt **31** zu, um eine andere Antwort zu wählen.

30

Sie sind also der Meinung, daß ein Handelsschiff, das man mit 3 000 Tonnen zusätzlich zu den 5 000 Tonnen, für die es ausgelegt ist, belädt, wahrscheinlich untergeht. Sicher haben Sie recht. Wahrscheinlich haben Sie schon einmal etwas von der „Ladelinie" eines Schiffes gehört. Das ist eine gesetzlich vorgeschriebene, auf die Bordwand aller Schiffe gemalte Markierung. Ein Schiff darf nur so weit beladen werden, daß die Ladelinie gerade noch zu sehen ist. Sie bezeichnet einen bestimmten Punkt der Wasserverdrängung, denn, und das ist ja ganz klar, je mehr Ladung auf das Schiff gebracht wird, desto tiefer taucht es ins Wasser. Und irgendwann überschreitet das Gewicht der Fracht den kritischen Punkt, bis zu dem das Schiff noch schwimmfähig ist. Die Ladelinie hilft also, das gefährliche Überladen eines Schiffes zu

vermeiden, ein Überladen, wie es unser erfundenes Schiff beim Beladen mit der angegebenen Frachtmenge erfahren würde.
Ich habe diese letzte Frage in erster Linie deshalb gestellt, um Sie an das Hauptproblem, mit dem wir uns jetzt beschäftigen wollen, heranzuführen. Es ist die Frage: Warum geht ein Stahlblock unter, während ein Stahlschiff schwimmt?
Sie wissen bereits einiges über die relative Dichte von Flüssigkeiten und festen Körpern, und wir wollen nun einen Schritt weitergehen. Schlagen Sie nun bitte Abschnitt **39** im Kapitel 5 auf.

31

Aber natürlich, wir wissen jetzt, wenn wir einen Eisenwürfel und einen Eichenholzwürfel von genau gleichem Volumen haben, dann wiegt der Eisenwürfel mehr als der Holzwürfel, weil Eisen eine größere Dichte hat als Holz. Aber warum habe ich Eichenholz als Beispiel gewählt, statt ganz allgemein von einem Holzwürfel zu sprechen? Falls Sie schon häufiger mit Holz gearbeitet haben – vielleicht haben Sie schon einmal ein Modellflugzeug aus Holz gebaut –, dann wissen Sie, warum. Die verschiedenen Holzarten haben verschiedene Dichte. Mahagoni zum Beispiel hat eine größere Dichte als Eiche, und Balsaholz, das häufig für Modellflugzeuge verwendet wird, hat eine sehr geringe Dichte, denn es ist extrem . . . Welches Wort müßte jetzt anstelle der Pünktchen stehen? Gewiß nicht „schwer"! Oder?
Archimedes hatte noch keine Ahnung von Flugzeugen. Doch hätte er sich schon damit befaßt, er hätte seinen Flugapparat sicherlich aus einem Material von sehr geringer Dichte gebaut. Und tatsächlich wählte man, als man die Lüfte zu erobern begann, „Leichter-als-Luft-Maschinen", Ballons und Luftschiffe, für die ersten Flugreisen. So ermöglichten Archimedes' Schlußfolgerungen lange nach seinem Tode die Entwicklung des Luftverkehrs; aber mehr davon später.
In den nächsten Experimenten verwenden wir zwei Flüssigkeiten: eine Salzlösung (mit Salz gesättigtes Wasser) und Paraffin. Wasser hat eine geringere Dichte als Salzlösung, aber eine größere als Paraffin. Wir könnten selbstverständlich in beiden Experimenten auch Wasser verwenden, aber zwei verschiedenartige Flüssigkeiten machen die Kontrolle und Nachprüfung von Archimedes' Schlußfolgerungen über schwimmende Gegenstände wesentlich interessanter.
Bevor wir mit den Versuchen weitermachen, wollen wir sehen, wieweit der von uns bisher entwickelte Begriff der relativen Dichte sich auf das Phänomen anwenden läßt, daß ein bestimmter Gegenstand in einer bestimmten Flüssigkeit schwimmt oder nicht schwimmt. – Erinnern wir uns daran, daß Archimedes nichts als gegeben hinnahm.
Was können wir also jetzt sagen?
Jeder feste Gegenstand schwimmt in Flüssigkeiten, die wie Salzlösung eine größere Dichte haben als Wasser, und geht unter in Flüssigkeiten, deren Dichte geringer ist als die des Wassers. Leuchtet Ihnen das ein, dann lesen Sie jetzt Abschnitt **38.**

Ein Gegenstand wird in einer Flüssigkeit mit großer Dichte besser schwimmen als in einer mit einer geringeren? Neigen Sie dieser Antwort zu, so lesen Sie jetzt Abschnitt **34.**
Ob ein Gegenstand schwimmt oder nicht, hängt davon ab, wie groß seine Dichte ist, verglichen mit der Dichte der Flüssigkeit, in die er eintaucht. Ist das Ihre Antwort, dann lesen Sie jetzt Abschnitt **26.**
Bevor Sie antworten, wäre erst einmal zu beweisen, daß Salzlösung eine größere und Paraffin eine geringere Dichte als Wasser hat? Nun, Sie lesen Abschnitt **29.**

32

Nun fügen sich die Bruchstücke zum Ganzen. Unsere letzten Experimente – sie entsprachen grundsätzlich Experimenten, wie sie Archimedes durchführte – haben die folgenden Sätze bewiesen:
a) Ein Objekt, das schwimmt, verliert aufgrund des Auftriebs scheinbar sein ganzes Gewicht.
b) Das Gewicht eines Objekts, das schwimmt, ist genauso groß wie das Gewicht der von ihm verdrängten Flüssigkeit.
Diese beiden Sätze lassen sich zu einem vereinen:
„Ein schwimmendes Objekt verdrängt eine seinem Gewicht entsprechende Wassermenge."
Diesen Satz sollten wir uns unbedingt merken, am besten extra aufschreiben, er ist sehr wichtig. Als ich mich mit der Niederschrift dieses Buches beschäftigte, stellte ich zu meinem Erstaunen fest, wie viele Menschen sich gemerkt hatten, daß Archimedes im Bade „Heureka" rief, daß aber sehr viele weniger wußten, warum. Das Archimedische Prinzip ist jedoch weitaus wichtiger als die Geschichte vom Bade. Aber wenn es jemandem hilft, sich an das Prinzip zu erinnern, um so besser. Ich gab Ihnen schon einmal in diesem Buch eine Definition des Archimedischen Prinzips. Sie sollten auch diese Definition schriftlich festhalten, bevor wir weitergehen und uns mit all dem befassen, was Sie vielleicht noch verwirrt. Diese Definition lautet:
„Wenn ein Objekt ganz oder teilweise in eine Flüssigkeit eintaucht, so erfährt es einen Auftrieb, der dem Gewicht der Flüssigkeit entspricht, die das Objekt verdrängt."
Unsere beiden Definitionen unterscheiden sich doch in einigem voneinander. Aber wir dürfen nicht vergessen, daß sich die eine auf schwimmende Gegenstände bezieht, während die andere Gegenstände meint, die ganz oder teilweise untertauchen. Damit wir nun nicht verwirrt werden, wollen wir uns zunächst mit schwimmenden Gegenständen beschäftigen und dann überlegen, warum manche Gegenstände untergehen, während andere schwimmen. Nehmen wir moderne Beispiele. Beantworten Sie die folgende Frage unter Berücksichtigung des Archimedischen Prinzips. Ein moderner Lenkwaffenzerstörer wiegt 5 000 Tonnen. Wieviel Wasser verdrängt er?
Er verdrängt überhaupt kein Wasser. Fahren Sie fort mit Abschnitt **27.**
Er verdrängt 5 000 Tonnen Wasser. Lesen Sie Abschnitt **36.**

Sie haben keine Ahnung, wieviel Wasser er verdrängt. Lesen Sie Abschnitt **28.**

33

Ihrer Meinung nach wird also ein Frachtschiff, dessen Leergewicht 8 000 Tonnen beträgt und das dazu bestimmt ist, 5 000 Tonnen Fracht zu befördern, 16 000 Tonnen Wasser verdrängen, wenn es mit 8 000 Tonnen Fracht beladen ist. Ihre Antwort wäre vollkommen richtig, wenn ein Schiff mit 3000 Tonnen mehr Fracht als der Frachtmenge, für die es gebaut wurde, noch in der Lage wäre zu schwimmen. Wahrscheinlicher ist, daß das Schiff untergeht.
Ich stellte diese Frage auch nur, um Sie an unsere Hauptfrage heranzuführen: Warum sinken manche Gegenstände, während andere schwimmen? Zum Beispiel: Warum sinkt ein Stahlbarren, während ein Schiff aus Stahl, außer es ist erheblich überladen oder hat ein Leck, schwimmt? Einiges über die relative Dichte von Flüssigkeiten und festen Gegenständen wissen Sie schon. Lassen Sie uns dieses Wissen eine Stufe weiterführen.
Es geht weiter mit Abschnitt **39,** Kapitel 5.

34

Sie meinen, ein Gegenstand werde in einer Flüssigkeit mit hoher Dichte besser schwimmen als in einer, deren Dichte gering ist. Allgemein gesehen stimmt das. Als grundsätzliche Feststellung ist Ihre Antwort richtig, doch hängt alles von der Dichte des betreffenden Gegenstandes ab. Wenn seine Dichte höher ist als die der Flüssigkeit, in die man ihn legt, so wird er nicht schwimmen, sondern . . . Andererseits wird ein Objekt mit geringerer Dichte als die der Flüssigkeit nicht sinken, sondern . . .
Später werden wir die mathematische Seite dieses Problems herausarbeiten, doch im Augenblick genügt es zu betonen, wenn die Flüssigkeit eine höhere Dichte hat als der feste Gegenstand, so schwimmt er in der Flüssigkeit.
Es ist richtig, wenn Sie behaupten, daß ein Objekt in einer Flüssigkeit von hoher Dichte besser schwimmt als in einer mit geringer Dichte. Dies ist jedoch nur die eine Seite der Angelegenheit, denn manche Gegenstände, zum Beispiel ein Eisenbarren, können selbst in einer Flüssigkeit mit so hoher Dichte wie Sirup nicht schwimmen. Ich gebe zu, daß ich nicht versucht habe, einen Eisenbarren in einer Badewanne voller Sirup zum Schwimmen zu bringen. Und ich will Ihnen dieses Experiment auch nicht empfehlen. Es wäre nicht nur schwierig, eine genügende Menge Sirup zu bekommen. Denn selbst wenn Sie ausreichend Sirup beschaffen könnten, so bekämen Sie doch sicher Krach mit denen, die das Bad nach Ihnen benutzen wollen.
Aber Schluß mit dem Sirup. Eine Antwort ist genauer als die, die Sie wählten. Ihre Antwort war nicht falsch, aber sie sollte eben doch noch etwas besser überlegt sein. Wählen Sie nun in Abschnitt **31** eine exaktere Antwort.

35 **Das zweite Experiment:** Wir benützen dieselben Gerätschaften wie beim ersten Versuch: Eine Federwaage, eine Neigungs- oder Zeigerwaage, einen größeren Glaszylinder mit einem im oberen Drittel angebrachten Überlauf und ein Becherglas. Statt Wasser nehmen wir eine Salzlösung und statt des Steins einen Wachsklumpen. Wiegen Sie das Becherglas auf der Zeigerwaage und notieren das Gewicht. Füllen Sie den Glaszylinder mit Salzlauge. Hängen Sie den Wachsklumpen mittels eines Zwirns oder Bindfadens an die Federwaage und wiegen ihn. Nun bringen Sie das Wachs in die Lauge und lassen es frei schwimmen. Stellen Sie fest, wieviel das Wachs in der Lauge wiegt. – Doch, doch, meutern Sie nicht, das ist schon richtig! – Stellen Sie das Gewicht des Becherglases mit der übergeflossenen Flüssigkeit fest und errechnen dann, wieviel Flüssigkeit übergelaufen ist und wie groß die Differenz ist zwischen dem Gewicht des Wachses außerhalb und in der Salzlauge. Schreiben Sie die Ergebnisse auf die folgende Art und Weise nieder:

Gewicht des Wachses in der Luft	=	g
Gewicht des Wachses in der Lauge	=	g
Gewichtsdifferenz, d. h. scheinbarer Gewichtsverlust	=	g
Gewicht des leeren Becherglases	=	g
Gewicht des Becherglases mit Flüssigkeit	=	g
Gewicht der verdrängten Flüssigkeit	=	g

Legen Sie diese Resultate beiseite und wiederholen den Versuch: Diesmal allerdings nehmen Sie statt Salzlösung Paraffin und statt Wachs ein leeres Glasfläschchen. Notieren Sie wieder die Ergebnisse auf die Art wie im vorangegangenen Experiment. Sie erinnern sich? Es war das erste Experiment auf dem Weg zum Archimedischen Prinzip.
Der nächste Abschnitt ist **37.**

36 Ganz richtig: Ein 5 000 Tonnen wiegender Lenkwaffenzerstörer verdrängt 5 000 Tonnen Wasser. Wie Sie wissen, verdrängt ein schwimmender Gegenstand eine seinem eigenen Gewicht entsprechende Wassermenge. Wenn also unser Lenkwaffenzerstörer mitsamt Mannschaft, Maschinen usw. 5 000 Tonnen wiegt, muß er 5 000 Tonnen Wasser verdrängen. Wieviel Wasser verdrängt er, wenn 100 Tonnen Geschosse abgefeuert sind? Ich glaube, ich kann mir die Antwort sparen. Wir sollten uns nun mit einem anderen Problem befassen. Bleiben wir zunächst bei den Schiffen. Irgendein Handelsschiff verdrängt unbeladen 8 000 Tonnen. Es ist ausgelegt für maximal 5 000 Tonnen Ladung. Vollbeladen beträgt daher seine Wasserverdrängung (das Gewicht des von ihm verdrängten Wassers) 13 000 Tonnen. – Nebenbei bemerkt, ein derartiges Schiff gibt es nicht. Und jetzt beantworten Sie bitte die sehr interessante Frage: Was passiert nun, wenn man es mit 8 000 Tonnen Ladung befrachtet?
Ihrer Meinung nach verdrängt es dann 16 000 Tonnen? Fahren Sie fort mit Abschnitt **33.** Es wird wahrscheinlich sinken. Wenden Sie sich Abschnitt **30** zu.

37

Nochmals, ich kann nicht wissen, welches Ihre Ergebnisse waren, denn Sie und ich haben mit Sicherheit verschieden große Wachsklumpen und Fläschchen verwendet. Aber ich weiß, wie schwer das Wachs in der Lauge und wie schwer das Fläschchen im Paraffin gewesen sein muß. Sie müßten in beiden Fällen Null Gramm als Ergebnis bekommen haben. Das heißt, Sie haben, falls Ihr Versuch erfolgreich war, etwas sehr Wichtiges bewiesen. Genau betrachtet, haben Sie sogar zwei Dinge bewiesen. Aber bevor ich Sie bitte, diese beiden Entdeckungen zu formulieren, will ich Ihnen das Ergebnis meiner Experimente sagen. Natürlich stimmen meine Zahlen nicht mit Ihren Zahlen überein, mit der Ausnahme, daß wir beide Null Gramm als Gewicht für das Wachs in der Salzlauge und das Fläschchen im Paraffin erhielten.

Erstes Experiment

Gewicht des Wachses	= 75 g
Gewicht des Wachses in der Salzlösung	= 0 g
folglich ist der scheinbare Gewichtsverlust	= 75 g
Gewicht des leeren Becherglases	= 160 g
Gewicht des Bechers mit der verdrängten Salzlösung	= 235 g
Gewicht der verdrängten Lauge	= 75 g

Zweites Experiment

Gewicht der Flasche	= 110 g
Gewicht der Flasche im Paraffin	= 0 g
folglich ist der scheinbare Gewichtsverlust	= 110 g
Gewicht des leeren Becherglases	= 160 g
Gewicht des Becherglases mit übergelaufenem Paraffin	= 270 g
Gewicht des verdrängten Paraffins	= 110 g

Indem wir verschiedene Gegenstände und verschiedene Flüssigkeiten verwendeten, haben wir zwei wichtige Dinge festgestellt. Was haben wir entdeckt? Ist es:

a) Wenn ein Gegenstand schwimmt, scheint er aufgrund des Auftriebs in der Flüssigkeit jegliches Gewicht zu verlieren.

b) Bei einem Gegenstand, der schwimmt, ist sein Gewicht in der Luft ebenso groß wie das Gewicht der Flüssigkeitsmenge, die er verdrängt.

c) Antwort a und b trifft zu.

d) Weder a noch b trifft zu.

Nur eine Antwort ist vollkommen richtig. Prüfen Sie Ihre Rechnung und meine Rechnung und entscheiden dann, ob die korrekte Antwort a, b, c, oder d ist. Es folgt Abschnitt **32**.

38

Sie meinen, alle festen Gegenstände schwimmen in Flüssigkeiten wie zum Beispiel Salzlösung, deren Dichte größer ist als die des Wassers, und sinken dagegen in Flüssigkeiten, deren Dichte unter der des Wassers liegt. Bei dieser Behauptung ist Ihre Phantasie mit Ihnen „durch-

gegangen". Doch keine Angst, mit Archimedes' Hilfe werden wir uns bald wieder auf dem Boden der Tatsachen befinden. Das Ganze ist eine Frage der relativen Dichte, mit der wir uns später noch genauer befassen wollen.
Ich glaube, das Beispiel mit der Salzlösung eignet sich am besten, um Ihr spezielles Mißverständnis auszuräumen. Salzlösung ist mit Salz gesättigtes Wasser. Das heißt, es handelt sich um Wasser, in dem Salz gelöst ist. Seewasser ist salzig und daher eine Salzlösung. Im Meerwasser schwimmt es sich viel leichter als im Süßwasser, denn Salzwasser (Salzlösung) hat eine höhere Dichte als Süßwasser. Je mehr Salz das Wasser enthält, desto höher ist seine Dichte. Ein extremes Beispiel hierfür ist das Tote Meer im Mittleren Osten. Es ist so stark salzhaltig, daß der menschliche Körper darin nicht untergehen kann. Der ideale Ort, um schwimmen zu lernen!
Doch wir brauchen nicht ans Tote Meer zu gehen, um herauszufinden, daß nicht alle festen Gegenstände in einer Salzlösung schwimmen. Haben Sie schon einmal einen Schiffsanker gesehen? Er ist aus Eisen oder Stahl gemacht und groß und schwer. Ein Schiff wirft Anker, wenn es im Hafen oder davor bleiben möchte. Der Anker ist ein fester Gegenstand. Schwimmt er auf dem Wasser, wenn das Schiff ankert? Mit anderen Worten, schwimmt ein solides Stück Eisen oder Stahl in Salzlösung?
Ich kann Ihnen versichern, daß ein Schiff selbst im Toten Meer Anker werfen kann. Sirup hat eine sehr hohe Dichte, eine weit höhere als Salzlösung, wie Sie sich denken können. Doch ein Schiff könnte den Anker auch auf den Grund eines Sirupsees senken, gäbe es so einen unwahrscheinlichen See. Andererseits schwimmen feste Gegenstände von geringer Dichte – ein gutes Beispiel ist Balsaholz – in Flüssigkeiten, deren Dichte weit geringer ist als die des Wassers. Wie ich schon zu Beginn des Abschnitts sagte, alles ist eine Frage der relativen Dichte fester Gegenstände und Flüssigkeiten.
Bitte schlagen Sie nochmals Abschnitt **31** auf, und wählen Sie nun eine andere Antwort.

Fünftes Kapitel

Warum Gegenstände schwimmen oder sinken

39

Warum gehen manche Gegenstände in Flüssigkeiten unter, während andere darin schwimmen? Archimedes fand eine Antwort auf diese Frage, und ich meine, daß auch Sie die Antwort kennen oder mindestens einen Teil davon. Sie haben einiges über die relative Dichte von Flüssigkeiten und festen Körpern gelernt. Sie wissen inzwischen, daß Archimedes die Dichte des Wassers als Maß nahm und darauf die Dichte anderer Flüssigkeiten und fester Körper bezog, sie danach maß. Als Mathematiker setzte Archimedes diese Dichten zueinander in Beziehung und machte es uns auf diese Weise leicht herauszufinden, ob eine Substanz eine höhere oder eine niedrigere Dichte als eine andere hat.
Aber bevor wir uns mit der relativen Dichte im Detail befassen, wollen wir den Sachverhalt allgemeiner überlegen. Das tun wir wie Archimedes durch Beobachtung und logische Ableitung, logische Schlußfolgerung. Wir werden uns also zuerst mit der Hauptfrage, warum etwas schwimmt oder untergeht, befassen. Warum zum Beispiel ging in unserem ersten Experiment der Stein im Wasser unter und dagegen im späteren Experiment das Wachs nicht in der Salzlösung? Nehmen wir ein einfacheres Beispiel. Legen Sie eine Münze, zum Beispiel einen Pfennig, und ein 20 Zentimeter langes Holzlineal in eine Schüssel mit Wasser. Die Münze wird untergehen und das Lineal schwimmen, obwohl das Lineal wesentlich schwerer ist als die Münze. Warum schwimmt das Lineal, während der Pfennig untergeht?
Das kommt daher, daß die Münze schwerer ist als das Lineal. Lesen Sie weiter in Abschnitt **46.**
Das erklärt sich daraus, daß die Münze viel kleiner ist als das Lineal. Ihr nächster Abschnitt ist **42.**
Es ist so, weil der Pfennig eine größere Dichte hat als das Lineal. Sie lesen jetzt bitte Abschnitt **44.**

40

Glauben Sie wirklich, ein Gegenstand, der weniger Wasser verdrängt, als sein Gewicht beträgt, schwimmt? Da irren Sie sich! Denken Sie doch an die Rechnung von vorhin! Der Stein wog in der Luft 12 g, unter Wasser 7 g. So betrug der Gewichtsverlust des Steines 5 g, und das Gewicht des verdrängten Wassers betrug ebenfalls . . . g. Daraus folgt,

daß der Stein mehr wog als das Wasser, das er verdrängte; bei 12 g eigenem Gewicht verdrängt er nur 5 g Wasser. Was geschieht denn mit einem Stein, den man ins Wasser wirft? Ich spreche hier von einem „normalen" Stein, wie Sie ihn überall aufsammeln können. Es gibt da einen Ausspruch – vom Volksmund oft gebraucht für Dinge, die nicht schwimmen: „Es ging unter wie ein Stein." Alle Gegenstände, ob nun Steine, Eisenbarren oder was auch immer, die eine Wassermenge von geringerem Gewicht verdrängen, als ihr Eigengewicht beträgt, versinken im Wasser.
Sicher hatten Sie irgend etwas falsch verstanden. Ich hoffe, dieses Mißverständnis ist nun geklärt, und Sie können sich jetzt Abschnitt **43** zuwenden, dem Abschnitt, bei dem Sie schon vorhin „gelandet" wären, hätten Sie gleich die richtige Antwort gewählt.

41 Natürlich, Kubikzentimeter ist eine Volumeneinheit. Wir können uns einen Kubikzentimeter als einen Würfel mit 1 cm Kantenlänge vorstellen. Um Kubikzentimeter nicht immer ausschreiben zu müssen, benützt man die Abkürzung ccm oder cm^3. Die Dichte des Wassers beträgt ein Gramm pro Kubikzentimeter oder 1 g/cm^3. Diese Formel setzen wir in der folgenden Rechnung ein als Dichte des Wassers.
Versuchen Sie, zusammen mit Archimedes, das folgende Problem Schritt für Schritt zu lösen. Ein Stein wiegt in Luft 12 g und 7 g vollständig in Wasser untergetaucht. Welches Volumen (in cm^3) hat der Stein? Eine kleine Hilfe, bevor Sie das Problem angehen. Wenn ein Gegenstand ganz oder zum Teil in eine Flüssigkeit eintaucht, erfährt er einen Auftrieb, der dem Gewicht der Flüssigkeitsmenge entspricht, die er verdrängt. Rechnen Sie jetzt das Volumen des Steines aus. Verfahren Sie folgendermaßen:

Der scheinbare Gewichtsverlust des Steines	=	g
Daher beträgt der Auftrieb	=	g
Nach dem Archimedischen Prinzip beträgt das Gewicht der vom Stein verdrängten Wassermenge	=	g
(Dichte des Wassers	=	1 g/cm^3)
Das Volumen der vom Stein verdrängten Wassermenge	=	cm^3
Daher hat der Stein das Volumen	=	cm^3

Tragen Sie die fehlenden Zahlen ein und rechnen das Resultat aus. Dann schlagen Sie Abschnitt **45** auf.

42 Ihrer Meinung nach schwimmt das Lineal und sinkt der Pfennig, weil die Münze kleiner ist als das Lineal. Sie stellen sich das wahrscheinlich folgendermaßen vor: Weil das Lineal größer ist, hat es auch eine größere Oberfläche, auf die der Auftrieb des Wassers wirken kann. Doch diese Folgerung stimmt nicht so recht. Eine Münze wird aus Metall hergestellt, genauer gesagt, aus einer Mischung verschiedener Metalle. Wir

wollen uns nun ein Lineal aus genau derselben Metallmischung vorstellen, anders ausgedrückt, einen Riesenpfennig in Gestalt und Größe des Lineals. Würde dieses Metallineal schwimmen? Ganz bestimmt nicht! Es würde untergehen.
Probieren Sie das an einem anderen Beispiel selbst aus! Schneiden Sie aus einem Flaschenkorken ein kleines Stückchen heraus, kleiner als ein Pfennig. Jetzt werfen Sie das Korkstückchen und den Pfennig ins Wasser. Siehe da, der Korken schwimmt, und der größere Pfennig sinkt. Damit hat also die Tatsache, daß das Lineal schwimmt, während der Korken sinkt, nichts mit der relativen Größe der beiden Gegenstände zu tun. Woran liegt es aber dann?
Wiederholen Sie bitte Abschnitt **39**, und versuchen Sie, eine bessere Antwort zu finden.

Stimmt. Ist die von einem Gegenstand verdrängte Flüssigkeitsmenge **43**
geringer als das Gewicht des Gegenstandes, so wird dieser untergehen. Damit kennen wir auch den Grund dafür, daß die einen Gegenstände in einer Flüssigkeit untergehen und die anderen schwimmen. Fassen wir die beiden wichtigen von Archimedes entdeckten Tatsachen zusammen:
1) Ein Gegenstand schwimmt, wenn das Gewicht der von ihm verdrängten Flüssigkeit geringer ist als sein eigenes Gewicht.
2) Ein Gegenstand geht unter, wenn das Gewicht der von ihm verdrängten Flüssigkeit geringer ist als sein eigenes Gewicht.
Diese Feststellungen lassen sich auch anders formulieren:
1) Ist die Dichte eines Gegenstandes geringer als die einer Flüssigkeit, so schwimmt der Gegenstand in der Flüssigkeit.
2) Hat ein Gegenstand eine größere Dichte als eine Flüssigkeit, so wird er in der Flüssigkeit untergehen.
Schreiben Sie sich diese beiden Sätze extra auf, sie sind sehr wichtig, und wir brauchen sie noch.
Zurück zu unserem Schiff. Sie sehen, wenn man ein Objekt so gestaltet, daß es mehr Wasser verdrängt, als es selbst wiegt, dann wird das Objekt schwimmen. Daher schwimmt auch ein stählernes Schiff. Würden und könnten wir aber das Schiff zu einem Stahlblock zusammenpressen, so würde sich sein Gewicht nicht ändern. Aber es würde sehr viel weniger Wasser verdrängen und untergehen. Erinnern Sie sich an die Gleichung

$$\text{Dichte} = \frac{\text{Gewicht}}{\text{Volumen}}$$

Was ist der Unterschied zwischen einem Schiff und einem großen Stahlblock des gleichen Gewichts? Was ist gewachsen, mehr geworden?
Dieses Prinzip gilt auch für U-Boote. In Büchern über Schiffe finden Sie zwei Gewichtsangaben für Unterwasserfahrzeuge, die Überwasser- und die Unterwassertonnage. Ein Unterseeboot schwimmt über und unter Wasser. Stellen wir uns ein Unterseeboot vor, das – sagen wir – über Wasser eine Wasserverdrängung von 1 500 Tonnen hat. Das heißt also,

daß es aufgetaucht, also über Wasser . . . Tonnen Wasser verdrängt (Sie setzen die fehlenden Zahlen bitte ein!) und genauso schwimmt wie ein gewöhnliches Schiff. Erhöhen wir nun das Gewicht, indem wir die Ballasttanks mit einer bestimmten Menge Wasser fluten, so können wir das U-Boot dazu bringen unterzutauchen; es verdrängt dann mehr Wasser als bei Überwasserfahrt.
Zu einem U-Boot gehört eine Menge Technik, mit der ich mich aber hier nicht beschäftigen kann, weil das nicht das Thema des Buches ist. Aber das Grundprinzip des Tauchbootes entspricht unmittelbar dem Archimedischen Prinzip: Ein U-Boot verdrängt aufgetaucht eine Wassermenge, die genau seinem eigenen Gewicht . . ., und es vermag dann unterzutauchen, wenn es eine Wassermenge mit einem Gewicht verdrängt, das . . . ist als sein eigenes Gewicht. Dabei verdrängt es natürlich eine größere Wassermenge, als es auf der Oberfläche verdrängt. Das heißt also, durch Veränderung des Volumens oder des Gewichtes kann man die Dichte eines Schiffes ändern.
Überlegen Sie, welche Wörter fehlen, und wenden Sie sich dann Abschnitt **48** zu.

44 Sie sagen also, daß, obwohl das Lineal schwimmt, die Münze untergeht, weil sie eine höhere Dichte als das Lineal hat. Das ist richtig. Archimedes ging noch einen Schritt weiter als wir. Er untersuchte nicht nur die Dichte von Gegenständen in Flüssigkeiten, sondern auch die der Flüssigkeiten selbst. Er stellte fest, daß bestimmte Objekte in Wasser untergehen, während sie in Flüssigkeiten mit höherer Dichte als Wasser schwimmen, z. B. in Salzlösung. Er machte zahlreiche Experimente und Berechnungen zum Vergleich der Dichte verschiedener fester Gegenstände und Flüssigkeiten. Wir beziehen die relative Dichte auf Wasser, denn wie Sie ja wissen, dient die Dichte des Wassers als Standardmaß für die Dichte anderer Flüssigkeiten und fester Körper. Tatsächlich läßt sich die relative Dichte des Wassers sehr leicht festsetzen und merken, denn ein Kubikzentimeter Wasser wiegt ein Gramm. Sie wissen doch ganz genau, was ein Kubikzentimeter ist?
Falls Sie jetzt etwa ins Stottern geraten, lesen Sie zuerst Abschnitt **47**.
Wenn Sie es auf Anhieb wußten, fahren Sie gleich fort mit Abschnitt **41**.

45 Das Volumen unseres Steins beträgt 5 cm^3. Sind Sie zu demselben Ergebnis gekommen? Falls Sie etwas anderes herausbekommen haben, überprüfen Sie nochmals Ihre Rechnung, die Aufgabe ist wirklich sehr einfach. Und damit haben wir auch eine ausgezeichnete Methode, um das Volumen von Gegenständen zu berechnen, die sich wie König Hieros Krone nicht ohne weiteres ausmessen lassen.
Es gibt noch einen anderen Grund dafür, daß ich Ihnen diese Rechenaufgabe stellte. Im Zusammenhang mit dem Stein sollte Ihnen etwas anderes auffallen. Er wog 12 g in der Luft und 7 g unter Wasser. Der

Gewichtsverlust betrug demnach 5 g. Also war der Stein schwerer als die von ihm verdrängte Wassermenge. Sie werden sich daran erinnern, daß ein Gegenstand, der schwimmt, genau die Menge Wasser verdrängt, die seinem eigenen Gewicht entspricht. Was geschieht mit einem Gegenstand, der weniger Wasser verdrängt, als er selbst wiegt?
Wenn Sie meinen, daß er schwimmt, dann lesen Sie jetzt Abschnitt **40.**
Falls Sie glauben, daß er untergeht, so fahren Sie fort mit Abschnitt **43.**

46

Sie glauben also, das Lineal schwimmt und der Pfennig sinkt, weil der Pfennig schwerer ist als das Lineal. Ich fürchte, Sie gebrauchen das Wort schwer nicht in der richtigen Bedeutung. Wenn Sie den letzten Abschnitt (39) nochmals lesen, merken Sie, daß ich davon ausging, daß das Lineal, das für den Versuch benutzt wird, schwerer ist als der Pfennig. Sie müssen auch schon bemerkt haben, daß viele sehr schwere Gegenstände schwimmen, während vergleichsweise leichtere untergehen. Baumstämme schwimmen im Wasser. In Ländern mit großen Nutzholzbeständen werden die Baumstämme oftmals flußabwärts zu den Sägemühlen geflößt. Sie wären außerstande, einen dieser gewaltigen Stämme auch nur anzuheben, und doch schwimmt er, während der Pfennig, den Sie ohne Mühe in die Luft werfen können und den Sie in der Tasche tragen, ohne sein Gewicht zu bemerken, sofort untergeht, wenn Sie ihn in denselben Fluß werfen, der die Baumstämme trägt. Die relativen Gewichte des Pfennigs und des Lineals sind nicht der Grund für das Sinken des einen und das Schwimmen des anderen. Was aber ist dann der Grund dafür?
Lesen Sie Abschnitt **39** nochmals, und versuchen Sie, eine bessere Antwort zu finden.

47

Der Rauminhalt eines Gegenstandes wird festgestellt, indem man seine Länge mit seiner Breite und mit seiner Höhe multipliziert. Wenn also ein Gegenstand 10 cm lang, 2 cm hoch und 3 cm breit ist, so beträgt sein Rauminhalt 60 cm^3.
Die Maßeinheit ist Kubikzentimeter. Sie können sich einen Kubikzentimeter als Würfel von 1 cm Kantenlänge vorstellen.
Bitte lesen Sie jetzt Abschnitt **41.**

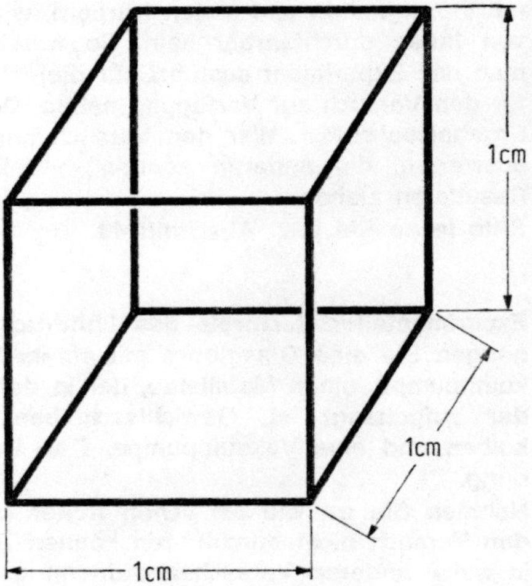

Sechstes Kapitel

Das Archimedische Prinzip angewandt auf Luft und Gase

48 Archimedes trieb seine Untersuchungen noch einen Schritt weiter, und wir wollen ihn dabei begleiten. Sie wissen und haben auch bewiesen, daß Wasser einen Auftrieb ausübt, Sie haben ihn ja selbst gespürt. Sie kennen die Dichte von Wasser: 1 g/cm³, und wissen, daß es sehr schwer und sehr dicht ist. Auch über relative Dichte wissen Sie Bescheid, und später werden Sie mit meiner Hilfe die relative Dichte verschiedener Substanzen selbst bestimmen.

Jetzt wollen wir das, was wir über Flüssigkeiten und feste Stoffe erfuhren, auf Gase anwenden. Insbesondere wollen wir uns mit der Luft befassen. Zunächst etwas über die Luft, was Archimedes noch nicht wissen konnte. Wasser ist eine chemische Verbindung, wogegen Luft aus einer Mischung verschiedener Gase besteht. Diese Mischung enthält in der Hauptsache Stickstoff und Sauerstoff und weit kleinere Anteile von Kohlendioxid und anderen Gasen. Sie haben gelernt, daß Wasser einen Auftrieb ausübt. Hat nun Luft auch einen Auftrieb? Das müssen wir durch ein Experiment herausbekommen. Doch da wir dazu eine weit kompliziertere Ausrüstung benötigen als für unsere Versuche mit Flüssigkeiten und festen Körpern, wird dieser Versuch nicht für alle von Ihnen durchführbar sein. So will ich zunächst beschreiben, wie man das Experiment ausführt, für diejenigen, die die nötige Ausrüstung für den Versuch zur Verfügung haben. Doch dann berichte ich über die Ergebnisse selbst. Wer den Versuch mitmacht, kann seine Ergebnisse auswerten, die anderen können ihre Schlußfolgerungen aus meinen Resultaten ziehen.

Bitte lesen Sie jetzt Abschnitt **49.**

49 **Experimenteller Nachweis des Luftdrucks:** Für dieses Experiment benötigen Sie eine Glasglocke mit einem Stutzen zum Anschluß der Vakuumpumpe, einen Metallstab, der in der Mitte drehbar an einem Ständer aufgehängt ist, Gewichtsscheiben, einen verschlossenen Glaskolben und eine Vakuumpumpe. Den Versuchsaufbau zeigt die Abbildung.

Nehmen Sie es, wie ich schon früher sagte, nicht tragisch, wenn Sie den Versuch nicht durchführen können oder wenn Sie das Experiment in einer anderen Versuchsanordnung gesehen haben. Zerbrechen Sie

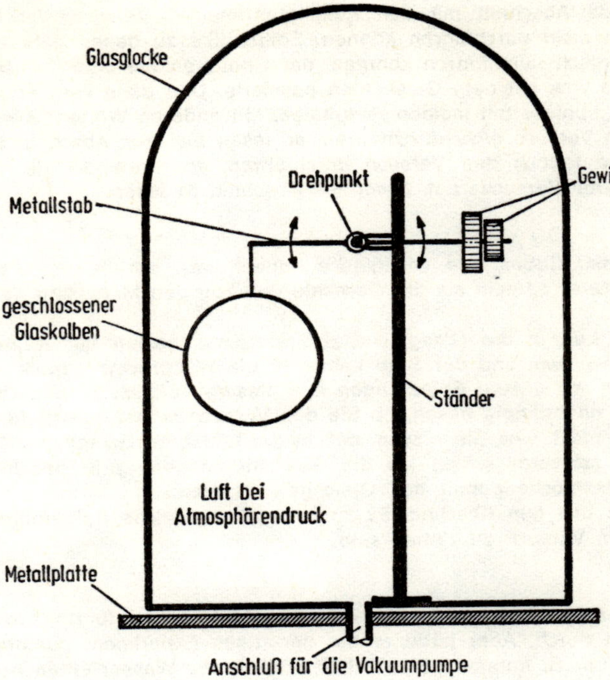

sich jetzt auch nicht den Kopf über den Begriff Luftdruck. Darauf komme ich später zu sprechen. Im Moment können Sie den Begriff gleichsetzen mit der Luft im Zimmer.
Im jetzt folgenden Abschnitt **50** werde ich den Versuch beschreiben. Fahren Sie also fort mit diesem Abschnitt und ziehen, wenn nötig, die obige Abbildung zu Rate.

50

Der Versuch: Schieben Sie die Gewichtsscheiben so weit auf den Stab, daß sie dem Glaskolben am anderen Ende des Metallstabes genau die Waage halten. Stülpen Sie die Glasglocke über das Ganze. Als Unterlage wählen Sie am besten eine Metallplatte (also etwas sehr Glattes), da der Rand des Glaszylinders mit der Tischplatte luftdicht abschließen muß. Schließen Sie nun die Vakuumpumpe an und pumpen die Glasglocke luftleer. Beobachten Sie, was mit dem Glaskolben geschieht. Schauen Sie genau hin. Anschließend lassen Sie die Luft ganz langsam in die Glasglocke zurückströmen. Beobachten Sie, was jetzt mit dem Glaskolben geschieht.

Der folgende Abschnitt mit den Resultaten meines Versuchs ist für die, die ihn nicht durchführen können. Sollten Sie zu denen gehören, die den Versuch durchführen konnten, dann notieren Sie bitte Ihre Resultate, also was mit dem Glaskolben passierte. Und dann vergleichen Sie Ihre Ergebnisse mit meinen Resultaten. Mit anderen Worten: Konnten Sie den Versuch *nicht* durchführen, so lesen Sie jetzt Abschnitt **51**. *Konnten* Sie jedoch den Versuch durchführen, so schreiben Sie die Resultate Ihres Versuchs auf, *bevor* Sie Abschnitt **51** lesen.

51

Das Ergebnis: Sobald die Glasglocke luftleer war, schien der Glaskolben schwerer zu sein als die Gewichte und zog den Metallstab nach unten.

Sobald die Luft in die Glasglocke zurückströmte, schien der Kolben leichter zu werden, und der Stab kehrte in die Waagrechte zurück.

Nun müssen wir unsere Folgerungen aus diesem Versuch ziehen. Das können Sie unabhängig davon, ob Sie den Versuch selbst durchgeführt haben oder nicht, weil Sie wissen, daß in der luftleeren Glasglocke der Glaskolben schwerer schien als die Gewichte, denen er in der luftgefüllten Glasglocke genau das Gleichgewicht hielt.

Wenden wir uns nun Abschnitt **52** zu und sehen, welche Folgerungen aus unserem Versuch zu ziehen sind.

52

Die Folgerungen: Das soeben beschriebene Experiment führte Archimedes nicht durch. Aber hätte er ein derartiges Experiment durchgeführt, dann um zu untersuchen, ob Luft ähnlich wie Wasser einen Auftrieb ausübt oder nicht. Hat nun unser Experiment diese Frage beantwortet?

Das ganze Buch hindurch habe ich Ihnen Gelegenheit gegeben, zu denken und zu argumentieren wie Archimedes. Ein wesentliches Merkmal dieser Art des wissenschaftlichen Denkens ist es, nichts als gegeben hinzunehmen. Durchdenken Sie also „archimedisch" unser letztes Experiment. Bewies es über jeden Zweifel erhaben, daß Luft einen Auftrieb ausübt? Bevor Sie die Frage beantworten, sollten Sie sich das Experiment nochmals vergegenwärtigen. Lassen Sie es uns im Detail gedanklich wiederholen.

Gewichte und Glaskolben am Metallstab hielten einander das Gleichgewicht, bevor die Glasglocke darübergestülpt wurde. Dieser Gleichgewichtszustand blieb bestehen, solange nicht die Luft aus der Glocke entfernt wurde. Als die Luft abgepumpt wurde, schien der Glaskolben schwerer zu werden. Der Gleichgewichtszustand wurde aufgehoben, der Glaskolben sank nach unten. Sobald die Glocke wieder mit Luft gefüllt war, kehrte der Glaskolben in seine alte Stellung zurück. Mit anderen Worten, in einem Vakuum (als keine Luft drin war) schien der Glaskolben . . . zu sein als die Gewichte (Welches Wort ist ausgelassen?), während er sich in Luft in Gleichgewicht mit diesen befand. Wir kön-

nen daraus schließen, daß Luft einen Auftrieb ausübt, was aus der Tatsache folgt, daß der Glaskolben schwerer zu werden schien, als keine Luft da war, die den Auftrieb ausüben konnte. Aber was ist mit den Gewichten? Warum wirkte der Auftrieb nicht auf sie genauso wie auf den Glaskolben?
Wenn das Ihrer Meinung nach daran liegt, daß sie kleiner sind als der Glaskolben, dann lesen Sie jetzt Abschnitt **56.**
Kommt das Ihrer Meinung nach daher, daß sie schwerer sind als der Glaskolben, dann wenden Sie sich Abschnitt **53** zu.

53

Es ist nicht richtig, daß der Auftrieb anders auf die Gewichte einwirkt als auf den Glaskolben, weil die Gewichte schwerer sind. Wie war das beim Experiment? Was geschah, ehe die Glasglocke über Gewichte und Kolben gestülpt wurde? Gewichte und Kolben wurden gegeneinander ausbalanciert, ins Gleichgewicht gebracht. Die beiden hielten sich also genau die Waage, ehe wir die Glasglocke darüberstülpten. Aber wie steht es mit der Größe der beiden Gegenstände?
Unserem Versuch nach scheint es, daß Luft ebenso wie Wasser einen Auftrieb ausübt. Was wissen wir nun über den Auftrieb des Wassers, das uns hier bei der Antwort helfen könnte? Warum sinkt ein Eisenbarren, während ein eisernes Schiff schwimmt? Wie war das doch mit König Hieros Krone? Die Krone verdrängte mehr Wasser als ein Goldbarren desselben Gewichts, und dies bewies, daß der Rauminhalt der Krone größer war als der des Barrens. Wie Sie wissen, steigt der Auftrieb, den das Wasser auf einen Gegenstand ausübt, mit der Wassermenge, die der Gegenstand verdrängt. Tauschen Sie jetzt einmal den Begriff „Wasserverdrängung" mit „Luftverdrängung" und überlegen nochmals den Sachverhalt.
Ihr nächster Abschnitt ist **56.** Dort wären Sie schon früher „gelandet", wenn Ihre Antwort wie folgt gelautet hätte: Der Auftrieb wirkte sich auf den Glaskolben stärker aus, weil dieser das größere Volumen hatte.

54

Selbstverständlich steigt ein mit Leuchtgas, Wasserstoff oder Helium gefüllter Ballon deshalb auf, weil die genannten Gase leichter sind als Luft. Ich sagte ja schon, daß beide Antworten stimmen. Doch eine davon ist wissenschaftlicher als die andere. Wie genau ist nun Ihre Antwort im Hinblick auf all das, was wir bisher gelernt haben? Ihre Antwort ist richtig, aber geben Sie damit nun eine wissenschaftliche Erklärung, oder stellen Sie nur eine Tatsache fest? Sie wußten doch schon, bevor Sie dieses Buch lasen, daß ein Ballon, der mit einem Gas, das leichter als Luft ist, gefüllt wird, aufsteigt. Hätte sich aber Archimedes mit dieser bloßen Feststellung zufriedengegeben? Er wußte, daß Holz schwimmt, während Eisen sinkt. Natürlich konnte er dies damit erklären, daß Holz eben relativ leichter ist als Eisen. Aber diese seine Erklärung wäre wohl kaum in die Geschichte eingegangen. Er

erforschte das Problem auf das genaueste, machte Versuche, zog Folgerungen daraus, und das Ergebnis von alledem war dann eine genaue wissenschaftliche Erklärung des Schwimmens. Diese seine Erklärung steckt in der anderen der beiden möglichen Antworten auf die Frage, warum ein mit einem Leichter-als-Luft-Gas, wie Leuchtgas, Wasserstoff oder Helium, gefüllter Ballon aufsteigt.
Erinnern Sie sich daran, daß wir uns jetzt mit Flüssigkeiten (Flüssigkeiten und Gasen) befassen. Wir haben festgestellt, daß das Archimedische Prinzip auf alle Flüssigkeiten angewandt werden kann. Auch wenn ich Ihre Antwort als richtig anerkenne, so muß ich sie doch als nicht genügend, besser als nicht ausreichend zur Beantwortung der gestellten Frage bezeichnen. Ich schlage vor, daß Sie Abschnitt **55** noch einmal lesen. Achten Sie besonders auf den Satz, der so beginnt: „Wenn wir einen geeigneten Behälter mit Gas füllen . . ." Sicher finden auch Sie dann, daß die andere Antwort genauer ist.

55 Wir befaßten uns bis jetzt in diesem Buch mit Flüssigkeiten, festen Körpern und Gasen. Zwei dieser Substanzen lassen sich zusammenfassend als Flüssigkeiten bezeichnen. Es sind das die Gase und die Flüssigkeiten. Wir haben auch bisher das Wort „Flüssigkeit" verwendet, aber von nun an verwenden wir es in seinem umfassenderen Sinn. Sie wissen also, wenn ich das Wort „Flüssigkeit" gebrauche, meine ich entweder ein . . . (wie zum Beispiel Luft) oder eine . . . (wie zum Beispiel Wasser). Ich brauche Ihnen die fehlenden Wörter nicht zu nennen. Ich werde das Wort „Flüssigkeit" nur nehmen, wenn ich mich auf etwas beziehe, das für gewöhnlich entweder flüssig oder gasförmig ist. So zum Beispiel in der folgenden Definition des Archimedischen Prinzips: Taucht man einen Gegenstand in eine Flüssigkeit, die sich im Ruhezustand befindet, oder in zwei stillstehende Flüssigkeiten, von denen eine unter der anderen liegt, so wird der Gegenstand schwimmend erhalten durch eine vertikal wirkende Kraft, deren Größe dem Gewicht der Flüssigkeit entspricht, die er verdrängt.
Was Sie soeben gelesen haben, scheint sich kaum von dem zu unterscheiden, was Sie schon wissen, ausgenommen, daß einige andere Wörter darin vorkommen als die, die wir bisher gebrauchten. Tatsächlich entspricht die Definition der von Ihnen schon einmal niedergeschriebenen, aber sie ist vielleicht ein wenig anschaulicher, da sie die Worte „wird schwimmend erhalten" benutzt.
Dieses „wird schwimmend erhalten" beschreibt genau die Anwendung des Archimedischen Prinzips auf die Dinge, denen Sie sich jetzt zuwenden sollen. Sie haben festgestellt, daß die Luft Auftrieb hat. Können wir den Satz in derselben Weise anwenden auf Dinge, die in der Luft „schwimmen", wie auf Dinge, die im Wasser schwimmen?
Wenn wir einen geeigneten Behälter mit Gas füllen, das eine geringere Dichte hat als Luft, dann wird der Behälter sich in die Luft erheben. Ich meine natürlich einen Ballon oder ein Luftschiff. Haben Sie jemals

bei irgendeinem Fest oder im Karneval an einem Ballonflugwettbewerb teilgenommen? Sie kauften da doch einen Ballon, schrieben Ihren Namen und Ihre Adresse auf einen dranhängenden Zettel und ließen den Ballon dann fliegen, in der Hoffnung, er möge eine größere Strecke zurücklegen als die Ballons der anderen Teilnehmer am Wettbewerb. Solche Gummiballons kauft man auch als Raumschmuck für eine Party oder für ein Gartenfest.
Ein Luftballon wird sich in die Luft erheben, wenn er mit Leuchtgas, Wasserstoff oder Helium gefüllt ist. Er sinkt aber zu Boden, wenn er mit Luft gefüllt ist. Warum fliegt ein gasgefüllter Luftballon? Die folgenden Antworten sind beide richtig, aber die eine ist wissenschaftlicher als die andere.
Die genannten Gase sind leichter als Luft! Wer das für die beste Antwort hält, liest jetzt Abschnitt **54.**
Die Gase haben eine geringere Dichte als die Luft! Halten Sie diese Antwort für besser, dann fahren Sie fort mit Abschnitt **57.**

56

Sie denken also, daß sich der Auftrieb auf die Gewichte deshalb nicht so auswirkt wie auf den Glaskolben, weil die Gewichte kleiner sind als der Kolben. Das ist genau der Grund, und es führt uns geradewegs zurück zu König Hieros Krone. Sobald die Luft aus der Glasglocke abgepumpt war, gab es in der Glocke keinen Auftrieb, weil es keine Luft darin gab. Die Gewichte erfuhren genausowenig Auftrieb wie der Glaskolben. Nun hat aber der Glaskolben ein wesentlich größeres Volumen als die Gewichte. Daraus folgt, daß die Luft in der luftgefüllten Glocke auf das größere Volumen des Glaskolbens mehr Auftrieb ausübt als auf das kleinere Volumen der Gewichte. Das ist auch ein Grund dafür, daß wir bei unserem Versuch einen hohlen Glaskolben verwenden.
Wenn Sie sich jetzt ins Gedächtnis zurückrufen, was Sie über das Schwimmen und Untergehen von Gegenständen im Wasser entdeckt haben, können Sie dann dieses Prinzip in eigener Formulierung auch anwenden auf den Unterschied im Auftrieb, den Luft auf zwei Objekte gleichen Gewichts, aber verschiedenen Volumens ausübt? Lassen Sie mich Ihnen Hilfestellung geben, nur so weit, um Ihnen die Art zu zeigen, in der Sie Ihre Erläuterung niederschreiben sollten. Sie brauchen nur die fehlenden Wörter einzusetzen und dann die Sätze in Ihr Arbeitsheft einzutragen. So sollte Ihre Erläuterung aussehen:
Wenn zwei Objekte desselben Gewichts, aber unterschiedlichen Volumens von Luft umgeben sind, so ist . . . der Luft, die das größere Objekt . . ., höher als . . . der Luft, die vom . . . Objekt verdrängt wird. Deshalb auch ist . . . des . . . Objekts . . . als der des kleineren.
Zugegeben, die Aufgabe ist gar nicht so einfach. Aber ich bin sicher, daß Sie sie bei längerem Nachdenken ohne weiteres lösen.
Wenn Sie die beiden Sätze ergänzt und eingetragen haben, schlagen Sie Abschnitt **58** auf.

57 Ein mit Leuchtgas, Wasserstoff oder Helium gefüllter Ballon erhebt sich in die Luft, weil die Dichte der genannten Gase geringer ist als die der Luft. Das ist eine gute und die genaue wissenschaftliche Antwort auf die Frage. Tatsächlich bestätigt sie das Archimedische Prinzip, das Sie jetzt ganz ohne meine Hilfe formulieren können. Trotzdem will ich Ihnen ein klein wenig zur Hand gehen. Schreiben Sie den folgenden Satz nieder und füllen dabei die Lücken:
„Wenn die . . . eines Körpers größer ist als die eines . . ., so erfährt er einen . . . in diesem . . . Wenn dagegen die . . . eines Körpers . . . als die eines . . ., so wird er in . . ."
Ich habe im vorhergehenden davon gesprochen, daß die ersten Versuche, durch die Luft zu reisen, auf dem Archimedischen Prinzip beruhten. Ganz gewiß waren Ballon und Luftschiff ein logischerer Weg zum Luftverkehr als die frühen Versuche, eine Schwerer-als-Luft-Flugmaschine zu entwickeln. Lange nach Archimedes' Tod und nur relativ kurze Zeit, bevor Sie geboren wurden, erwartete man vor allem von Luftschiffen die Erfüllung der Hoffnung auf weite Luftreisen. Diese Riesen der Luft bargen in ihrem zigarrenförmigen Leib mit Wasserstoffgas gefüllte Zellen (also eine Art Luftballons). Sie bewegten sich nicht wie moderne Flugzeuge in großen Höhen. Ihre Reiseflughöhe lag verhältnismäßig niedrig, und sie bewegten sich in der Luft weitgehend so wie ein Schiff im Wasser. In gewisser Weise, gerade soweit es das Archimedische Prinzip angeht, könnte man sie mit U-Booten vergleichen. Denn geradeso wie ein U-Boot seine relative Dichte gegenüber dem Wasser, in dem es schwimmt, ändert, indem es die Ballasttanks flutet oder leerbläst, so konnte das Luftschiff seine Flughöhe ändern, indem es Ballast abwarf, um höher zu steigen, oder Gas abließ, um tiefer zu sinken.
Dazu noch eine kurze Bemerkung, denn Sie sollen jetzt nicht denken, daß die Luftschiffe wie ein Jo-Jo auf und ab hüpften. Die späten Luftschiffe hatten eine Gasfüllung von rund 100 000 m^3 (Kubikmetern) Wasserstoff. (Das Luftschiff „Hindenburg", das in Lakehurst verbrannte, hatte mit 190 000 m^3 fast die doppelte Füllung. Es war 248 m lang, und sein größter Durchmesser betrug 41 m. D. Ü.) Sie waren für den Horizontalflug in einer bestimmten Höhe ausgelegt. Als Ballast diente Wasser. – Da Freiballons und Luftschiffe zu meinen großen Interessen gehören, sollte ich jetzt lieber wieder zu Archimedes zurückkehren. Ich gerate sonst ganz vom Thema ab und fange an, Ihnen zu erzählen, wie man einen Freiballon steuert.
Die wichtigen Punkte sind aufgezählt. Sie wissen jetzt, daß sich das Archimedische Prinzip auf Gase genauso anwenden läßt wie auf Flüssigkeiten. Jetzt noch einige Fragen an Sie zur Beantwortung, bevor wir zum nächsten Kapitel übergehen. Ihre Antworten auf diese Fragen werden zeigen, wie gut Sie das Archimedische Prinzip verstanden haben.
1) Erklären Sie, warum sich ein Unterseeboot sowohl über wie auch unter Wasser bewegen kann.
2) Warum „schwimmt" ein gasgefüllter Ballon in der Luft, und welcher

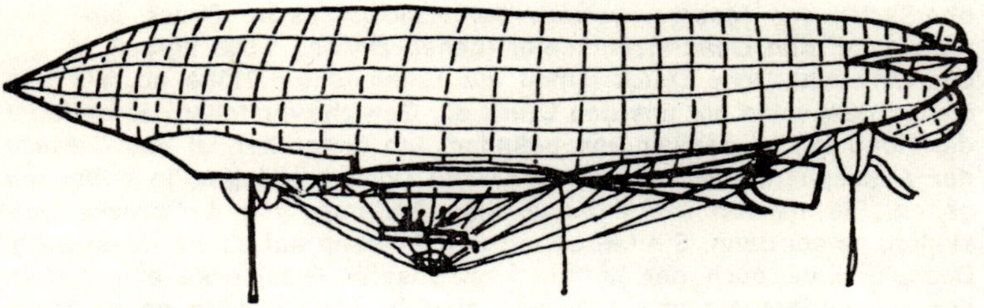

Ein französisches Militärluftschiff

Zusammenhang besteht mit einem Schiff, das in Wasser schwimmt? 3) Vervollständigen Sie den folgenden Satz: Wenn ein Körper schwimmt, verdrängt er eine Wassermenge . . ."
Wenn Sie die Fragen beantwortet haben, schlagen Sie Abschnitt **59** auf.

58

So müssen die Sätze lauten: Wenn zwei Objekte desselben Gewichts, aber unterschiedlichen Volumens, von Luft umgeben sind, so ist *das Gewicht* der Luft, die das größere Objekt *verdrängt,* höher als *das Gewicht* der Luft, die vom *kleineren* Objekt verdrängt wird. Deshalb ist auch *der Auftrieb* des *größeren* Objektes *größer* als der des kleineren.

Der Luftdruck: Im folgenden möchte ich nur kurz auf den Luftdruck eingehen. Sie erinnern sich, es war das Wort, das im Zusammenhang mit unserem Versuch fiel bzw. in der Überschrift zu unserem letzten Versuch steht. Sollten Sie sich Im Verlauf Ihrer naturwissenschaftlichen Studien näher dafür interessieren, so hoffe ich, Ihnen bis dahin ein eigenes Bändchen darüber bieten zu können.
Ich habe schon ausgeführt, daß Luft, anders als Wasser (H_2O), nicht aus einer chemischen Verbindung besteht, sondern aus einer Anzahl verschiedener Gase. Sie erinnern sich an die Namen dieser Gase. Die Luft enthält eine Menge Stickstoff (N), wesentlich weniger Sauerstoff (O) und ganz geringe Mengen Kohlendioxid (CO_2) und andere Gase. Feste Gegenstände üben einen Druck aus, genauso wie Flüssigkeiten und Gase, mit denen wir uns gerade beschäftigen. Der Unterschied ist der, daß der von einem festen Gegenstand ausgeübte Druck nur in einer Richtung wirkt, der Druck von Flüssigkeiten und Gasen dagegen nach allen Seiten. Das ist eine gute Sache, denn, gesetzt den Fall, die Luft würde nur in einer Richtung Druck ausüben, und zwar nach unten, dann würden wir eine erhebliche Last auf dem Kopf herumtragen. Tatsächlich müßten wir in Anbetracht des Druckes froh sein, überhaupt noch einen Kopf zu haben. Glücklicherweise wirkt aber der Druck der Luft wie der des Wassers in alle Richtungen.
Die Atmosphäre, das ist die Luft rings um uns, hat also ein Gewicht und übt einen Druck aus. Auf Meereshöhe, das ist in Höhe der Wasser-

oberfläche des Meeres, beträgt der atmosphärische Druck ein Kilogramm auf den Quadratzentimeter (genau sind es 1,033 kg/cm², d. Ü.). Der atmosphärische Druck nimmt mit zunehmender Höhe ab. Wir verstehen das, wenn wir uns den Druck als Gewicht vorstellen. Je geringer die Höhe ist, in der wir uns befinden, um so größer ist das Gewicht der Atmosphäre über uns, und es wird um so geringer, je höher wir gehen. Sie werden kaum jemals eine Änderung des Luftdrucks feststellen, es sei denn, Sie fahren mit der Seilbahn auf einen hohen Berg. Deshalb hatte auch der Luftdruck in unserer Glasglocke einen Wert, der nur geringfügig von 1 kg/cm² abwich. Anders wäre es natürlich, Sie führten das Experiment auf der Spitze eines hohen Berges durch, was aber doch wohl recht unwahrscheinlich ist. Nebenbei noch, bevor wir zum Archimedischen Prinzip zurückkehren: Welche Auswirkungen würde es auf das Experiment haben, wenn Sie es auf der Spitze des Mount Everest durchgeführt hätten? Die Antwort darauf bekommen Sie von mir aber nicht.

Schlagen Sie jetzt Abschnitt **55** auf.

Siebentes Kapitel

Experiment zur Bestimmung der Dichte eines festen Gegenstandes und einer Flüssigkeit mit Hilfe des Archimedischen Prinzips

59

Die Methode: Für die theoretische Seite des Experiments brauchen wir ein bißchen Algebra, allerdings einfachste Algebra. Wir verwenden lediglich Buchstaben des Alphabets statt Zahlen, um das Schema vorzuführen, um zu zeigen, wie die Rechnung vor sich geht. Wenn Sie das Experiment praktisch durchführen, setzen Sie die Zahlen ein, die sich aus Ihren Messungen ergeben. Archimedes wird Ihnen zeigen, wie die Berechnung anzustellen ist. Aber vergessen Sie nicht, daß Sie, wenn Sie das Experiment durchgeführt haben, für die Buchstaben Zahlen einsetzen können. Sie stehen jetzt neben Archimedes, dem Mathematiker, der diese Berechnung ausarbeitet. Arbeiten Sie sie mit ihm zusammen aus. – Zuvor allerdings noch eine geschichtliche Anmerkung. Gramm und Zentimeter wurden zu Archimedes' Zeiten nicht gebraucht. Aber ich bin sicher, daß er nichts dagegen hat, wenn wir moderne Maße in unseren Rechnungen benützen.

a) Berechnung der Dichte eines festen Gegenstandes:

Gewicht außerhalb des Wassers $= x$ g

Gewicht im Wasser $= y$ g

Daher beträgt der Auftrieb im Wasser $= (x - y)$ g

Nach dem Archimedischen Prinzip ist das Gewicht des verdrängten Wassers auch $= (x - y)$ g

1 g Wasser entspricht 1 cm^3 Wasser. Folglich ist das Volumen des verdrängten Wassers $= (x - y)\ cm^3$

Damit hat der feste Körper ein Volumen von $= (x - y)\ cm^3$

Es ergibt sich daraus für den festen Körper

$$\text{die Dichte} = \frac{\text{Gewicht}}{\text{Volumen}} = \frac{x}{(x - y)}\ g/cm^3$$

Bevor nun Archimedes erklärt, wie man die Dichte einer Flüssigkeit feststellt, möchte er ganz sicher sein, daß Sie theoretisch vollkommen verstanden haben, wie man die Dichte eines festen Körpers berechnet. Zu allererst übertragen Sie das oben unter a) angeführte Schema in Ihr Übungsheft, und wenn Sie dann eine Frage haben, wird Archimedes sie Ihnen gerne beantworten. Ist Ihnen mehreres unklar, so lösen Sie die erste Frage. Anschließend daran ist Ihnen Gelegenheit gegeben, die nächste Frage zu lösen.

Wenn Sie nicht begriffen haben, wie man die Buchstaben x und y verwendet, so schlagen Sie Abschnitt **63** auf.

Ist Ihnen nicht klar, was (x – y) bedeutet, so wenden Sie sich Abschnitt **62** zu.
Ist Ihnen nicht klar, warum ein Gramm Wasser einem Kubikzentimeter Wasser entspricht, dann lesen Sie Abschnitt **64**.
Können Sie mit der Formel $\frac{\text{Gewicht}}{\text{Volumen}} = \frac{x}{(x-y)}$ g/cm³ nichts anfangen, so finden Sie Aufklärung in Abschnitt **61**.
Ist Ihnen alles vollkommen klar, lesen Sie Abschnitt **65**.

60 Sie verstehen nicht, warum wir den Buchstaben z für „das Gewicht eines Gegenstandes in einer Flüssigkeit" einführen. Wofür steht der Buchstabe y? Erinnern Sie sich? Eben zeigte ich Ihnen, wie Sie die Dichte einer Flüssigkeit errechnen können. Die Dichte des Wassers ist uns bekannt. Sie beträgt 1 g/cm³. Wenn wir nun die Dichte einer Flüssigkeit messen wollen, nehmen wir eine andere Flüssigkeit als Wasser. So bedeutet z etwas anderes als y, und es war nötig, diesen zusätzlichen Buchstaben einzuführen. Wenn Sie das noch nicht ganz verstanden haben, so wird es Ihnen bei dem nun folgenden Experiment in Abschnitt **66** rasch klarwerden.

61 Ihnen macht die Formel $\frac{\text{Gewicht}}{\text{Volumen}} = \frac{x}{(x-y)}$ g/cm³ Schwierigkeiten? Sie sieht in der Tat ein wenig kompliziert aus. Doch ist sie in Wirklichkeit ganz einfach, wie ich Ihnen hoffentlich klarmachen kann. Der Gebrauch der Buchstaben x und y statt der sonst üblichen Zahlen ist Ihnen doch vertraut? Sicher hätten Sie sonst zunächst den Abschnitt gewählt, der sich mit diesen Buchstaben befaßt. Wenn das tatsächlich so ist, läßt sich die Gleichung ganz leicht erklären.
Wir drücken die Dichte eines Körpers oder einer Flüssigkeit in g/cm³ aus. Denn 1 g Wasser nimmt 1 cm³ Raum ein, und wie Sie wissen, bildet Wasser den Standard, auf den die Dichte aller anderen Flüssigkeiten und Körper bezogen wird. Die Dichte des Wassers beträgt 1 g/cm³. Wenn wir nun die Dichte einer anderen Substanz, sei es eine Flüssigkeit oder ein fester Körper, mit 2 g/cm³ angeben, so wissen wir, daß ihre Dichte doppelt so groß ist wie die des Wassers. Die Formel $\frac{\text{Gewicht}}{\text{Volumen}} = \frac{x}{(x-y)}$ g/cm³ zeigt uns lediglich, wie wir die Dichte einer Substanz ausrechnen können. Der Strich zwischen Gewicht und Volumen bedeutet, daß wir das Gewicht durch das Volumen teilen müssen. Wie aber kommen wir zum Volumen? Wir ziehen das Gewicht im Wasser (im Beispiel dargestellt durch den Buchstaben y) vom Gewicht außerhalb des Wassers (in unserem Beispiel der Buchstabe x) ab. Das Volumen ist also x – y. Die Dichte (ausgedrückt in g/cm³, der Abkürzung für Gramm pro Kubikzentimeter) erhalten wir, indem wir das Gewicht „x" durch die Zahl teilen, die wir erhalten, wenn wir das

Gewicht im Wasser „y“ vom Gewicht außerhalb des Wassers „x“ abziehen.
Wenn Sie noch irgend etwas nicht verstehen, wiederholen Sie bitte Abschnitt **59,** und wählen Sie von dort ausgehend den entsprechenden Abschnitt.
Sind Sie bereit, Neues aufzunehmen, geht es weiter mit Abschnitt **65.**

Sie wissen nicht, was „(x – y)“ heißen soll? Die Verwendung der Buchstaben x und y statt Zahlen bereitet Ihnen also keine Schwierigkeiten, sonst hätten Sie ja den Abschnitt gewählt, der sich damit befaßt. Ihr Problem ist ganz einfach und entsprechend rasch geklärt. Wenn Sie 8 – 4 sehen, erkennen Sie das sofort als eine echte Subtraktion. Wenn Sie aufgefordert werden, 4 von 8 abzuziehen, antworten Sie 4. und genau das ist eine Subtraktion, das meint (x – y). Sobald Sie das Gewicht des Gegenstandes im Wasser und außerhalb des Wassers festgestellt haben, ziehen Sie das Gewicht im Wasser von dem Gewicht außerhalb des Wassers ab und kommen so zum Auftrieb, den das Wasser auf den Gegenstand ausübt. Beträgt das Gewicht eines Körpers 10 g und im Wasser 7 g, so setzen Sie statt (x – y) (10 – 7) und kommen zu dem Ergebnis: 3 g. Gibt es für Sie nun noch irgendwelche Unklarheiten? **62**
Wenn Ihnen die Bedeutung des Satzes 1 g Wasser entspricht 1 cm^3 nicht klar ist, lesen Sie bitte Abschnitt **64.**
Bereitet die Formel $\frac{\text{Gewicht}}{\text{Volumen}} = \frac{x}{(x - y)}$ g/cm^3 Ihnen Schwierigkeiten, so wenden Sie sich Abschnitt **61** zu.
Wenn Sie alles verstanden haben, geht es weiter mit Abschnitt **65.**

Warum verwenden wir Buchstaben wie x und y? Nun, wenn Sie die Rechnung tatsächlich durchführen, nehmen Sie Zahlen, denn dann haben wir ja schon gemessen und wissen, welche Zahlen zu nehmen sind. So wird zum Beispiel das Gewicht des Gegenstandes außerhalb des Wassers eine bestimmte Anzahl von Gramm betragen, je nachdem welchen Gegenstand wir gerade verwenden. Doch solange wir den Gegenstand noch nicht gewogen haben, können wir sein Gewicht auch nicht zahlenmäßig angeben. Um Ihnen aber nun zu zeigen, wie Sie rechnen, wenn Sie Ihren Gegenstand gewogen haben, setzen wir für sein Gewicht „x Gramm“ ein. Angenommen, der Körper wiegt 10 g, so lautet die erste Zeile unserer Rechnung: **63**
Gewicht außerhalb des Wassers = 10 g.
Sie setzen also das wirkliche Gewicht anstelle des Buchstabens x.
Wiegt der Körper im Wasser 7 g, dann steht in der nächsten Zeile:
Gewicht im Wasser = 7 g.
Nun ersetzt die Zahl 7 den Buchstaben y.
Vielleicht fragen Sie jetzt, warum ließ Archimedes nicht einfach einen

freien Platz, statt die Buchstaben x und y hinzuschreiben? Die Antwort gibt uns die dritte Zeile unserer Rechnung, dann nämlich, wenn wir das Gewicht des Körpers im Wasser von seinem Gewicht außerhalb des Wassers abziehen müssen. Wie viele Worte brauchten wir, um den Rechenvorgang zu erklären, wenn wir nur einen Platz freigelassen hätten! So aber brauchen wir nur zu schreiben (x – y), und das bedeutet: Ziehen Sie das Gewicht des Gegenstandes im Wasser von seinem Gewicht außerhalb des Wassers ab, und Sie haben das Ergebnis. Bei einem Gewicht von 10 g außerhalb und 7 g im Wasser lautet die Rechnung: (10 g – 7 g), und in der dritten Zeile erscheint als Zahl für den Auftrieb 3 g. Ist Ihnen noch etwas anderes unklar?

Verstehen Sie nicht, warum 1 g Wasser 1 cm^3 Wasser entspricht, dann lesen Sie bitte Abschnitt **64.**

Wenn die Formel $\frac{\text{Gewicht}}{\text{Volumen}} = \frac{x}{(x-y)}$ g/cm^3 für Sie noch Unklarheiten birgt, schlagen Sie nach bei Abschnitt **61.**

Wenn Ihnen nun alles klar ist, geht es weiter mit Abschnitt **65.**

64 Sie verstehen nicht, wieso 1 g Wasser 1 cm^3 Wasser entspricht. Archimedes ist ein bißchen enttäuscht von Ihnen. Aber er hofft, daß es sich wohl nur um ein einfaches Mißverständnis handelt und Sie nicht alles vergessen haben, was Sie bis jetzt gelernt haben. Archimedes entdeckte, daß eine Menge Wasser von genau 1 g Gewicht einen bestimmten Rauminhalt hat. Rauminhalt oder Volumen meint den Raum, den eine Substanz (in unserem Fall Wasser) ausfüllt. So füllt ein Gramm Wasser genau einen kleinen Behälter aus mit den Maßen 1 cm $\times$ 1 cm $\times$ 1 cm. Das Volumen eines Würfels oder einer rechteckigen Schachtel mißt man, indem man Länge mit Breite mit Höhe multipliziert. 1 g Wasser würde also genau in einen würfelförmigen Behälter mit 1 cm Kantenlänge und somit 1 cm^3 Rauminhalt passen. Andersherum können wir natürlich auch sagen, 1 cm^3 Wasser wiegt genau 1 g. Wenn 1 g Wasser 1 cm^3 Wasser entspricht, wieviel cm^3 sind dann 10 g Wasser? Die Antwort ist ganz einfach, Sie brauchen nicht einmal zu rechnen. 10 g Wasser füllen einen Raum von 10 cm^3. Wenn irgendwo das Wassergewicht in Gramm angegeben ist, so ist Ihnen auch das Volumen bekannt. Sie brauchen nur die Wörter Gramm und Kubikzentimeter auszutauschen. Wir kürzen, wie Sie ja schon wissen, Kubikzentimeter mit cm^3 ab.

Haben Sie noch irgendwelche Fragen?

Wenn Ihnen der Gebrauch der Buchstaben x und y noch nicht klar ist, so lesen Sie bitte Abschnitt **63.**

Wenn die Formel $\frac{\text{Gewicht}}{\text{Volumen}} = \frac{x}{(x-y)}$ g/cm^3 noch Unklarheiten birgt, geht es für Sie weiter mit Abschnitt **61.**

Sie haben jetzt alles begriffen und fahren fort mit Abschnitt **65.**

65

Sie haben das Schema, mit dessen Hilfe Sie die Dichte eines festen Gegenstandes bestimmen können, aufgeschrieben. Ich will Ihnen nun erklären, wie man die Dichte einer Flüssigkeit bestimmt, und dann werden wir experimentell die Dichte eines festen Gegenstandes und einer Flüssigkeit bestimmen.
Übertragen Sie die folgenden Zeilen in Ihr Übungsheft:
b) Bestimmung der Dichte einer Flüssigkeit

Gewicht des Gegenstandes in der Flüssigkeit	= z g
Folglich übt die Flüssigkeit auf den Gegenstand einen Auftrieb aus von	= (x – z) g
Damit beträgt das Gewicht der Flüssigkeit, die durch den Gegenstand verdrängt wird	= (x – z) g
Das Volumen der von dem Gegenstand verdrängten Flüssigkeit (denn das verdrängte Volumen entspricht dem des Gegenstandes) ist	= (x – y) cm³
Also ist die Dichte der Flüssigkeit	$= \frac{(x - z)}{(x - y)} g/cm^3$

Beachte: x bezeichnet immer noch das Gewicht außerhalb des Wassers und y das Gewicht im Wasser.
Wir haben einen neuen Buchstaben eingeführt, den Buchstaben z, und die Schlußrechnung ist auch anders. Warum konnten wir nicht weiterhin y für das Gewicht des Gegenstandes in der Flüssigkeit nehmen?
Wenn Ihnen klar ist, warum wir z für das „Gewicht eines Gegenstandes in einer Flüssigkeit" setzen, fahren Sie fort mit Abschnitt **66.**
Wenn Sie aber *nicht* verstehen, warum wir den neuen Buchstaben eingeführt haben, dann sollten Sie Abschnitt **60** lesen.

66

Der Versuch: Für dieses Experiment benötigen wir ein Becherglas, eine Federwaage, einen Gegenstand und eine Flüssigkeit, von denen wir die Dichte bestimmen wollen. Ich nahm als Gegenstand ein Kupfergewicht und als Flüssigkeit Paraffin. Wenn Sie Paraffin nehmen, dann gehen Sie mit Vorsicht zu Werke. Wie bei den vorangegangenen Experimenten dieses Buches werde ich meine Ergebnisse nennen, zum einen, damit Sie Ihre Berechnungen an meinen nachprüfen können, und zum andern für die, die diesen Versuch nicht durchführen können.
Füllen Sie das Becherglas zu einem Teil mit Wasser. Befestigen Sie den gewählten Gegenstand mit einem Bindfaden an der Federwaage. Stellen Sie das Gewicht des Gegenstandes fest und notieren Sie es. Tauchen Sie den Gegenstand ins Wasser und schreiben Sie auf, wieviel er jetzt wiegt. Vergewissern Sie sich aber vorher, daß der Gegenstand weder die Wände noch den Boden des Gefäßes berührt. Bestimmen Sie unter Benutzung des Archimedischen Prinzips die Dichte des Gegenstandes. Leeren Sie den Becher und füllen ihn mit einer anderen Flüssigkeit. Wiegen Sie denselben Gegenstand in dieser neuen Flüssigkeit und notieren das Ergebnis. Bestimmen Sie mit Hilfe des Archimedischen Prinzips die Dichte der Flüssigkeit.

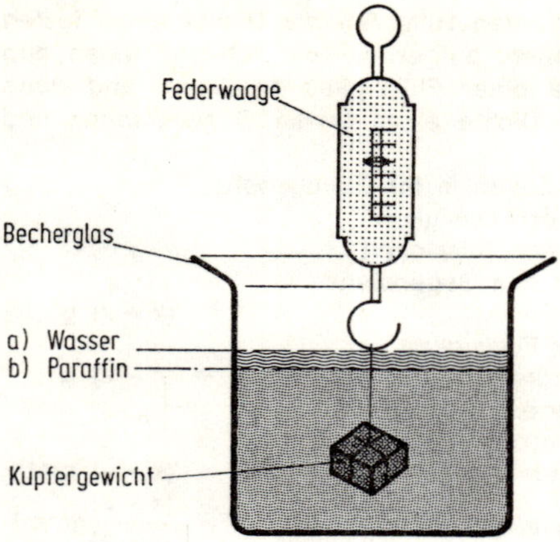

So sah mein Versuch aus: Errechnen Sie die Dichte mit Hilfe der Formeln, die Sie in Ihr Heft eingetragen haben. Anschließend gehen Sie zu Abschnitt **67** über, in dem Sie zum Vergleich meine Ergebnisse finden.

67 **Die Zahlen:** Denken Sie daran, daß das die Ergebnisse meines Versuches sind.

a) Gewicht des Kupfers	= 85 g
Gewicht des Kupfers in Wasser	= 73 g
Auftrieb des Kupfers	= 12 g
Gewicht der verdrängten Flüssigkeit nach dem Archimedischen Prinzip	= 12 g
1 g Wasser entspricht 1 cm^3, daher beträgt das Volumen des verdrängten Wassers	= 12 cm^3
Damit ist das Volumen des Kupfers	= 12 cm^3
Die Dichte des Kupfers = $\frac{\text{Gewicht}}{\text{Volumen}} = \frac{85}{12}$	= 7,08 g/cm^3
b) Gewicht des Kupfers in Paraffin	= 75 g
Auftrieb des Kupfers in Paraffin folglich	= 10 g
Gewicht der verdrängten Paraffinmenge also	= 10 g
Das Volumen der vom Kupfer verdrängten Flüssigkeit ist aber	= 12 cm^3
Dichte des Paraffins folglich = $\frac{85-75}{85-73} = \frac{10}{12}$	= 0,8 g/cm^3

Das Ergebnis: Damit ist die Dichte des Kupfers bestimmt zu 7,08 g/cm^3 (angenähert, d. h. auf zwei Stellen hinter dem Komma gekürzt, d. Ü.) und die des Paraffins zu 0,8 g/cm^3.

Sie haben sicher bemerkt, daß wir bei diesem Versuch kein Becherglas mit Überlauf verwendeten und das Gewicht der verdrängten Flüssigkeit nicht bestimmen mußten. Das konnten wir, weil wir mit unseren vorangegangenen Versuchen bewiesen hatten, daß ein teilweise oder ganz in einer Flüssigkeit eingetauchter Körper einen Auftrieb erfährt, der

gleich ist dem Gewicht der von ihm verdrängten Flüssigkeit. Um nun den Auftrieb zu bestimmen, müssen wir nur das Gewicht des Körpers in der Flüssigkeit abziehen von seinem Gewicht außerhalb dieser Flüssigkeit. Und indem wir Gramm in Kubikzentimeter umwandeln, erhalten wir das Volumen des Körpers. Ist doch gar nicht schwer! Oder? Aber es bedurfte eines großen Geistes, um dahinterzukommen.
Lesen Sie nun Abschnitt **68.**

68

Sie haben gerade gelernt, wie man die Dichte eines festen Gegenstandes und einer Flüssigkeit bestimmt. Die Dichte einer Substanz ist die Masse dieser Substanz bezogen auf ihr Volumen. Grundeinheit der Dichte ist die des Wassers. Darauf beziehen wir die Dichte fester Gegenstände und anderer Flüssigkeiten. Nun sind aber Gase sehr viel leichter als Wasser, und so bezieht man ihre Dichte auf die der Luft. Damit keine Begriffsverwirrung entsteht, weil ich gerade das Wort Masse gebraucht habe: Dichte ist Masse geteilt durch Volumen. Vorher sagte ich, Dichte ist Gewicht geteilt durch Volumen. Ich habe bisher das Wort Gewicht bevorzugt, zunächst, weil es uns vertrauter und damit unmittelbar verständlich ist, und zum anderen, weil Archimedes unseren Begriff Masse nicht kannte. Ich gebe Ihnen nun eine möglichst einfache Definition der „Masse". Sie ist absichtlich einfach gehalten, denn Sie sollen selbst eine umfassendere Definition finden.
Das Gewicht eines Gegenstandes wird verursacht durch die Anziehungskraft (Gravitation) der Erde. Man kann also sagen: Gewicht = Gravitation, und das Gewicht deshalb auch in Newton angeben. Das Gewicht eines Körpers ändert sich, je nachdem wo es bestimmt wird. Die Unterschiede sind gering, soweit das Gewicht irgendwo auf der Erde festgestellt wird, aber erheblich, wenn man sich von der Erde entfernt. Die Masse dagegen ist stets konstant, unabhängig davon, wo sie festgestellt wird. Die Masse von 1 kg hat auf der Erde ein Gewicht von 9,81 Newton.
Von nun an erscheint in diesem Buch das Wort Masse. Überlegen Sie, was es bedeutet, und lassen Sie sich nicht irreführen durch Definitionen wie „Masse ist die Substanzmenge eines Körpers". Denken Sie daran, daß Masse stets konstant ist. Ein Gegenstand mit der Masse von 5 kg auf der Erde hat dieselbe Masse auch 2 000 km von der Erde entfernt. Sein Gewicht aber wird geringer sein.
Ich habe gesagt, daß die Masse stets konstant bleibt. Kann sich aber die Dichte eines bestimmten Gegenstandes ändern? Stellen wir uns ein Eichenbrett vor, das 120 cm lang ist, 60 cm breit und 15 cm dick. Seine relative Dichte ist geringer als die des Wassers, es wird also schwimmen. Was würde passieren, wenn wir das Brett in eine große Presse stecken und es auf 60 cm Länge – Breite und Dicke bleiben unverändert – verkürzen?
Wenn Sie meinen, daß sich seine Masse vergrößert, sein Volumen aber unverändert bleibt, dann lesen Sie jetzt Abschnitt **74.**

Wenn Sie meinen, daß sich sein Volumen ändert, aber nicht seine Masse, dann lesen Sie jetzt Abschnitt **69**.
Wenn Sie meinen, daß sich Masse und Volumen ändern, dann lassen Sie jetzt Abschnitt **70** folgen.

69

Die Antwort ist richtig: Wenn wir ein Eichenholzbrett bei unveränderter Breite und Dicke auf die Hälfte seiner ursprünglichen Länge zusammenpressen, ändert sich sein Volumen, aber nicht seine Masse. Tatsächlich wird das Volumen halbiert, denn bei den Ausgangsmaßen von 120 cm $\times$ 60 cm $\times$ 15 cm erhalten wir ein Volumen von 108 000 cm^3, während sich aus den Maßen 60 cm $\times$ 60 cm $\times$ 15 cm nach dem Preßvorgang ein Volumen von 54 000 cm^3 errechnet. Die Masse ändert sich nicht, da wir weder etwas hinzugefügt noch etwas weggenommen haben. Wenn aber die Masse gleichbleibt, während das Volumen auf die Hälfte vermindert wird, dann verdoppelt sich die Dichte. Wir haben damit praktisch die Dichte des Brettes so stark erhöht, daß es eine größere Dichte als Wasser hat und darin untergeht.
Fahren Sie nun fort mit Abschnitt **72**.

70

Es tut mir leid, aber Ihre Antwort ist nicht richtig. Ein Stück Holz, das in der Presse auf die Hälfte seiner Länge reduziert wird, während seine Breite und Dicke unverändert bleiben, ändert zwar sein Volumen, aber nicht seine Masse. Ich hätte also eher sagen sollen, daß Ihre Antwort nur zur Hälfte falsch ist, denn Sie haben recht, was das Volumen angeht, aber unrecht, was die Masse betrifft. Dem Holzstück wurde weder etwas hinzugefügt noch wurde etwas weggenommen, das seine Masse hätte ändern können.
Es ist natürlich in Wirklichkeit unmöglich, ein Stück Holz so weit zusammenzupressen. Vielleicht hat Sie das verwirrt. Sie sollten sich nur geistig vorstellen, was passiert, wenn man ein Holz so stark pressen könnte. Seine Masse bleibt dieselbe, während sein Volumen um die Hälfte kleiner wird. Was geschieht mit der Dichte?
Nachdem Sie mit Ihrer ersten Antwort bereits zur Hälfte „richtig lagen“, sollten Sie keine Schwierigkeiten haben, die ganz richtige Antwort zu finden. Kehren Sie bitte zu Abschnitt **68** zurück und wählen die Antwort, die vollständig richtig ist.

71

Der vollständige Satz sollte folgendermaßen lauten: Wenn ein Körper schwimmt, verdrängt er eine Flüssigkeitsmenge, deren Gewicht seinem eigenen Gewicht entspricht.
Wenn sich Ihre Niederschrift sehr von diesem Satz unterscheidet oder wenn Sie nicht imstande waren, überhaupt eine Antwort zu geben, dann sollten Sie sich die Nummer dieses Abschnitts merken und dann ins 4. Kapitel zurückblättern, zu Abschnitt **25** bis **38**. Arbeiten Sie diese

Abschnitte nochmals durch, bevor Sie hier an dieser Stelle fortfahren. Sollten Sie statt des Ausdrucks Flüssigkeit das Wort Wasser verwendet haben, so ist das nicht ganz richtig. Sie müssen sich merken, daß der Satz für alle Flüssigkeiten gilt, wozu Wasser, Paraffin, Salzlösung usw. gehören, und auch Gase, wie Luft, Wasserstoff, Sauerstoff, Stickstoff oder andere.
Ich vermute, daß Sie fast alle die richtige Antwort gegeben haben. So können wir zur nächsten Frage übergehen, die lautet: Warum schwimmen manche Körper in Flüssigkeiten, während andere untergehen? Schreiben Sie die Antwort in Ihren eigenen Worten nieder. Es müssen darin die Wörter „Dichte“, „geringer“ und „größer“ vorkommen. Wenn Sie die Antwort schriftlich fixiert haben, fahren Sie fort mit Abschnitt **75**.

72

Ich hoffe, das Beispiel des großen Eichenbrettes hat Sie nicht verwirrt. Natürlich ist es physikalisch unmöglich, Holz so stark zusammenzupressen. Es ging nur darum, Ihnen ein einprägsames Beispiel für die Formel Dichte $= \frac{\text{Gewicht}}{\text{Volumen}}$ g/cm³ zu liefern. So gab ich die Formel früher; sie lautet jedoch richtiger, wie ich gerade erklärte, Dichte $= \frac{\textbf{Masse}}{\textbf{Volumen}}$ g/cm³. Im angenommenen Fall des Eichenbrettes wurde das Volumen halbiert, die Masse blieb dieselbe, und damit wurde die Dichte verdoppelt. Das heißt also, daß eine Änderung von Masse *oder* Volumen die Dichte ändert.
Ich darf Sie nun an die sehr nützliche, schlichte Tatsache erinnern, daß 1 cm³ Wasser einem Gramm (1 g) Wasser entspricht. Also haben 50 g Wasser das Volumen . . . cm³. Sie können den Nachweis dafür selbst führen. Sie brauchen dazu eine Pipette oder einen Meßzylinder zum Abmessen des Wassers, einen Becher und eine Waage. Messen Sie 50 cm³ Wasser ab; wiegen Sie den leeren Becher und füllen dann die 50 cm³ Wasser hinein; wiegen Sie den Becher mit dem Wasser und ziehen vom Gesamtgewicht das Gewicht des leeren Bechers ab. Wieviel wiegen 50 cm³ Wasser? Was ist folglich die Dichte des Wassers? Denken Sie immer an die Formel $\frac{\text{Gewicht}}{\text{Volumen}} = \text{Dichte}$.
Alle Flüssigkeiten und alle festen Körper haben eine bestimmte Dichte. Machen Sie Versuche wie den eben durchgeführten, um die Dichte anderer Flüssigkeiten zu bestimmen. Das Resultat der Dichtemessung muß immer auf g/cm³ lauten.
Fahren Sie fort mit Abschnitt **73**.

73

Wir haben einen langen Weg mit Archimedes zurückgelegt. Manchmal mußte er zurückbleiben, wenn wir sein Prinzip auf Dinge unserer Tage anwandten, aber nie ließen wir ihn weit hinter uns zurück. Das war auch

gar nicht möglich, denn seine Entdeckung war so bedeutend, daß sie in vielen Aspekten des Lebens unserer Tage aufscheint. Die moderne Wissenschaft der Hydrostatik gäbe es nicht, hätte nicht Archimedes vor mehr als 2 000 Jahren seine große Entdeckung gemacht. Er lebte vor so langer Zeit, daß, was sein persönliches Leben angeht, schwer zwischen Tatsache und Erfindung zu unterscheiden ist. In meinem bei der Franckh'schen Verlagshandlung erschienenen gleichartigen Buch über Kopernikus können Sie wörtlich zitierte Sätze des großen Forschers lesen. Das ließ sich bei Archimedes nicht machen. Doch mag zwar ungewiß sein, ob er wirklich die Frage der Echtheit von König Hieros Krone zu lösen hatte oder ob er das Gesetz des Auftriebs entdeckte, als er ein Bad nahm, so ist ganz gewiß, daß er ein brillanter Geist war. Nun, begleiten Sie noch einmal Archimedes und sehen, ob Sie alles behalten haben, was Sie von ihm gelernt haben.
Nennen Sie das Archimedische Prinzip, soweit es sich auf schwimmende Körper bezieht. Ergänzen Sie den folgenden Satz und schreiben ihn auf:
Wenn ein Körper schwimmt, ..., die seinem eigenen Gewicht entspricht.
Wenn Sie den Satz geschrieben haben, lesen Sie Abschnitt **71.**

74

Nein, das stimmt nicht, daß ein Stück Holz, das man bei bleibender Dicke und Breite auf die Hälfte seiner ursprünglichen Länge zusammenpreßt, an Masse zunimmt, aber sein Volumen nicht ändert. Ursprünglich war das Holzbrett 120 cm lang, 60 cm breit und 15 cm dick. Wie berechnen Sie das Volumen dieses Bretts? Sie multiplizieren Länge mit Breite mit Dicke. Also 120 cm $\times$ 60 cm $\times$ 15 cm. Das ergibt 108 000 cm³. Wenn wir nun das Brett auf die Hälfte seiner ursprünglichen Länge zusammenpressen, dann hat es die Maße 60 cm $\times$ 60 cm $\times$ 15 cm, was 54 000 cm³ ergibt. Das Volumen ist also nur noch halb so groß. Ob die Masse dieselbe bleibt, das überlegen Sie bitte, während Sie zu Abschnitt **68** zurückblättern, um eine der anderen Antworten zu wählen.

75

Folgenden Wortlaut sollte Ihre Antwort haben, oder wenigstens sinngemäß sollte sie so lauten:
Ist die Dichte eines Körpers geringer als die einer Flüssigkeit, so schwimmt er in der Flüssigkeit. Ist die Dichte eines Körpers größer als die einer Flüssigkeit, so geht er in der Flüssigkeit unter.
Hatte Ihre Antwort auch nicht dem Sinn nach diesen Inhalt, dann sollten Sie sich diesen Abschnitt ankreuzen und, bevor Sie in der Lektüre fortfahren, die Abschnitte **4** bis **13** in Kapitel 2 durcharbeiten.
Hatte Ihre Antwort denselben Wortlaut oder entsprach sinngemäß dem obigen Satz und haben Sie ebenso die vorhergehenden Fragen richtig beantwortet, dann haben Sie damit bewiesen, daß Sie das Archime-

dische Prinzip „aufsagen" können. Aber haben Sie es auch begriffen? Sie sollten es verstanden haben, was ich ja auch eigentlich annehme. Aber falls Sie auch nur die geringste Spur eines Zweifels hegen, ob Sie es vollständig begriffen haben, dann sollten Sie sich jetzt Abschnitt **76** zuwenden. Sie finden dort eine Reihe von Fragen, mit denen Sie Ihre Kenntnis des Archimedischen Prinzips testen können.
Also weiter jetzt mit Abschnitt **76**.

76

Beantworten Sie die folgenden Fragen. Alle stützen sich auf das in diesem Buch Gesagte. Manchmal genügen als Antwort wenige Worte, ein andermal sollte die Antwort etwas länger ausfallen.

1. Warum scheint ein Gegenstand schwerer zu werden, wenn man ihn aus dem Wasser in ein Boot hievt?
2. Warum schwimmt ein Stück Holz auf dem Wasser, während ein Stück Eisen von genau demselben Gewicht untergeht?
3. Wie lautet die Formel für die Dichte?
4. Ein Stück Eisen geht in Wasser unter, aber ein Schiff aus Eisen schwimmt. Warum?
5. Wenn Sie eine festverkorkte leere Flasche, die also nur Luft enthält, unter Wasser drücken, dann schnellt sie, sobald Sie sie loslassen, wieder an die Oberfläche. Warum hält das Gewicht des Wassers sie nicht unten?
6. Wie löste Archimedes das Problem, ob König Hieros Krone aus reinem Gold bestand?
7. Was soll Archimedes gerufen haben, als er aus dem Bad sprang?

Sie sollten alle Fragen beantworten, mit Ausnahme vielleicht der letzten, die unwichtig ist. Und falls Sie das überlieferte Wort vergessen haben sollten, so spielt das keine Rolle, solange Sie nicht das Archimedische Prinzip vergessen.
Wenn Sie die Fragen beantwortet haben, lesen Sie Abschnitt **77**.

77

Vielleicht haben Sie erwartet, hier die Antworten auf die Fragen zu finden. Aber ich gebe sie nicht, denn ich meine, daß das nicht nötig ist. Ich vertraue darauf, daß Sie die richtigen Antworten gegeben haben. Ebenso vertraue ich darauf, daß Sie im Falle irgendeiner Unsicherheit bei einer Antwort so lange im Buch zurückblättern, bis Sie die Unsicherheit beseitigt haben.
Hier ist das Buch zu Ende. Es ist das zweite in einer Reihe von Büchern, die sich alle mit großen Forschern befassen. Dem Buch über Archimedes voraus ging eines*), das sich, sozusagen als Ergänzung zum Thema des Schwimmens, mit der Bewegung von Körpern befaßt, mit

*) Forschen mit Kopernikus. Programmierter Nachvollzug einer astronomischen Entdeckung, die unser Weltbild veränderte. Von Dennis Guerrier. 64 Seiten mit 5 Zeichnungen. Franckh'sche Verlagshandlung, Stuttgart.

der Bewegung unseres Universums. Wenn Sie also bereit sind, mit einem anderen großen Forscher zu forschen, dann empfehle ich einen Wechsel in Zeit und Raum, in das Frauenburg des beginnenden 16. Jahrhunderts, wo vor mehr als 400 Jahren Kopernikus revolutionäre Entdeckungen über das Sonnensystem machte.

Forschen mit Archimedes

Erstes Kapitel: König Hieros Krone 9

Zweites Kapitel: Heureka 12

Drittes Kapitel: Das erste Experiment auf dem Weg zum Archimedischen Prinzip 20

Viertes Kapitel: Das zweite Experiment auf dem Weg zum Archimedischen Prinzip 27

Fünftes Kapitel: Warum Gegenstände schwimmen oder sinken . . . 37

Sechstes Kapitel: Das Archimedische Prinzip angewandt auf Luft und Gase 42

Siebentes Kapitel: Experiment zur Bestimmung der Dichte eines festen Gegenstandes und einer Flüssigkeit mit Hilfe des Archimedischen Prinzips 51

Forschen mit Kopernikus Von Dennis Guerrier

Programmierter Nachvollzug einer astronomischen Entdeckung, die unser Weltbild veränderte

Sie sind selbstverständlich davon überzeugt, daß sich die Erde um die Sonne dreht. Aber können Sie das auch auf Anhieb beweisen? Sie werden jetzt möglicherweise mit Raumfahrt, Fotos der Erde aus dem Weltraum usw. aufwarten. Doch damit beweisen Sie bestenfalls die Kugelgestalt der Erde. Die Ihnen täglich vor Augen stehende Tatsache, daß sich die Sonne um die Erde dreht, die können Sie damit nicht wegdiskutieren.
Sehen Sie?! Wieviel schwieriger muß es dann für Kopernikus gewesen sein, seine Zeitgenossen zum heliozentrischen Weltbild zu bekehren! Er hatte ja so gut wie keine Hilfsmittel an der Hand. Aber er führte seinen Beweis. Wie er ihn führte, ja wie er ihn überhaupt nur führen konnte, das können Sie mit diesem Buch nachvollziehen. Sie, der Leser, nehmen aktiv an Kopernikus' Arbeit teil. Sie stellen, geführt vom Autor, die Fragen des Kopernikus und versuchen, unter den möglichen Antworten die Antwort zu geben, die aus der Zeit und aus dem logischen Denkgebäude die richtige ist. Überlegen Sie falsch, erfahren Sie sofort, warum, und wählen eine der anderen vorgegebenen Antworten.
„Forschen mit Kopernikus" ist kein Buch, das man konsumiert und wieder vergißt. Es verlangt geistige Arbeit, fordert Mitdenken, Nachdenken. Sie werden am Ende nicht nur wissen, wie einer, der für unser Selbst- und Weltverständnis entscheidendsten Entdeckungen zum Durchbruch verholfen wurde. Sie werden sich dabei auch eine erste Einführung in die Astronomie erarbeitet haben.

KOSMOS-Bücher über Astronomie finden Sie in der ausführlichen Informationsschrift P 163. Bitte anfordern bei

KOSMOS-Verlag,
Franckh'sche Verlagshandlung, 7 Stuttgart 1, Postfach 640